Kitchen Science Lab for Kids Edible Edition

# 给孩子的
# 食物实验室

【美】丽兹·李·海拿克 著

孙亚飞 译

华东师范大学出版社
·上海·

**图书在版编目（CIP）数据**

　　给孩子的食物实验室／［美］丽兹·李·海拿克（Liz Lee Heinecke）著；
孙亚飞译.—上海：华东师范大学出版社，2020
　　ISBN 978-7-5760-0467-0

　　Ⅰ.①给… Ⅱ.①丽… ②孙… Ⅲ.①食品科学－实验－儿童读物
Ⅳ.①TS201-33
　　中国版本图书馆CIP数据核字（2020）第099154号

Kitchen Science Lab for Kids: EDIBLE EDITION: 52 Mouth-Watering Recipes and the
Everyday Science That Makes Them Taste Amazing
By Liz Lee Heinecke
© 2019 Quarto Publishing Group USA Inc.
Text and Photography © 2019 Liz Lee Heinecke
Simplified Chinese translation copyright © East China Normal University Press Ltd. , 2021 .
All Rights Reserved.

上海市版权局著作权合同登记　图字：09-2019-664号

**给孩子的实验室系列**

# 给孩子的食物实验室

著　　者　［美］丽兹·李·海拿克
译　　者　孙亚飞
责任编辑　沈　岚
审读编辑　徐晓明　胡瑞颖
责任校对　郑海兰　时东明
装帧设计　卢晓红　宋学宏

出版发行　华东师范大学出版社
社　　址　上海市中山北路3663号　邮编　200062
网　　址　www.ecnupress.com.cn
总　　机　021-60821666　行政传真　021-62572105
客服电话　021-62865537
门市(邮购)电话　021-62869887
地　　址　上海市中山北路3663号华东师范大学校内先锋路口
网　　店　http://hdsdcbs.tmall.com

印 刷 者　上海当纳利印刷有限公司
开　　本　889×1194　大16开
印　　张　9.25
字　　数　166千字
版　　次　2021年3月第1版
印　　次　2022年11月第2次
书　　号　ISBN 978-7-5760-0467-0
定　　价　65.00元

出 版 人　王　焰

（如发现本版图书有印订质量问题，请寄回本社客服中心调换或电话021-62865537联系）

**52** 个能吃能玩的食物实验

揭秘美味背后的日常科学

# 目　录

# 前　言

**每当你走进厨房做饭或烤面包时，你就已经把科学带入到了自己的生活中。**

事实上，每当你煨煲、汽蒸、烘焙、冷冻、煮焖、酱制、爆炒或是发酵食品的时候，物理和化学都在发挥作用。了解食品科学的基本知识，会让你成为厨房的主人，不管你是为朋友去烤肉或拍摄烹饪视频，都能满怀信心地去迎接任何挑战。

《给孩子的食物实验室》提供了52个美味的创意，从健康的自制小吃到可口的主菜，以及令人难以置信的甜点，让你能够自己在厨房里探索食品科学。实验步骤的设计可以混合排列，你可以在意大利面中搭配最喜欢的酱汁，让棉花糖邂逅自制的热巧克力，抑或是为蛋糕浇上完美的淋面。这其中还有很多有趣而又可以被食用的点缀装饰品，让每一份食谱成品都具有拍照的价值。不管你是喜欢潮流还是经典，都可以从中发现一些能够同时吸引你的味蕾与目光的东西。

尽管这本书中的大多数食谱都是基于我所熟悉的食物，但找到方法将你自己的口味和习俗融入你创作的每一份食物中，还是相当有趣的。像香蒜酱这样的绿色调味料，可以通过替换不同的香草摇身一变成为阿根廷香辣酱（chimichurri），而自制的奶豆腐则可以替代乳清干酪，轻松地将咖喱转变为千层面。通过选择你最喜欢的淋面、馅料和装饰品，设计你梦想中的甜点，创造出既美味又美丽的食物。向你的朋友和家人了解他们最喜欢的菜式，利用你对食品科学的知识，可以将它们组合成一道道适合你口味与烹饪风格的菜肴。

每一个食物实验中的"科学揭秘"部分，将会帮助你理解隐藏在实验材料背后的科学概念与营养。你将会学到：醋和柠檬汁这样的酸是如何增强味道的，面粉和鸡蛋在吸收蒸汽之后为什么会不断地爆开，冰激凌中的晶体又是如何形成的。不久之后，你就有信心摆上一顿盛宴，烘焙并装饰出有观赏价值的蛋糕，或是用你学过的东西来创造属于你自己的食谱。

好了，我们开始烹饪吧！

# 概　述

这本书将会教你用食物进行52个实验，实验后还能得到美味的结果。

　　每一个实验都有详细说明，以及食物背后简单易懂的科学解释，介绍其中的术语和创意，你也可以将其应用到其他实验的步骤中。设计这些实验的目的是为了更简单地探索食品科学，每一个实验都包含了以下几个部分：

### → 实验材料

列出你需要的所有实验原料。

### → 挑战级别

标有一顶厨师帽（🎩）的实验不需要花费太多时间与精力，厨师帽越多，意味着实验对你烹饪技能的挑战也越高。

### → 过敏原警告

本书中的所有食谱均不含坚果，同时如果实验步骤中含有乳制品、鸡蛋或小麦，也会在具体实验中指出。

### → 实验工具

列出所有能够协助你制作菜肴的工具和设备（你也可以根据条件即兴调整——例如食品料理机的功能就与搅拌机类似）。

### → 安全提示与注意事项

提供常识性的安全指南与提示，使实验能够顺利进行。

### → 实验步骤

引领你一步一步完成制作。

### → 奇思妙想

提供对你的食物进行搭配、调整，或更进一步优化的思路，以激发你的创造力与挑战烹饪的动力。

### → 科学揭秘

提供关于不同实验材料及其相互作用的简单解释，并提供相关主题的信息。记住，当你处理一个新的实验步骤时，失败及排除故障与实验结果同等重要，这最终会让你成为一位更好

的厨师，你需要沉浸于其中。测量、盛舀、搅拌，还有犯错，是每一位厨师的经验。一旦你掌握了一组实验步骤，不妨看看还能用它做什么。用你的所学去创造一些全新的东西，或者改进一道你一直想调整的菜肴。

以下是一些基本工具的清单，在你翻阅本书时可以随时准备好：

→ 中号厚底平底锅

→ 边缘略微倾斜的长柄平底煎锅

→ 锋利的刀具

→ 擀面杖

→ 砧板

→ 搅拌机

→ 烤盘

→ 数字式温度计（食品温度计）

→ 大锅

→ 切片刀

→ 量杯与勺子（或厨房用秤）

→ 滤网

→ 粗棉布

→ 厨房用吸油纸

→ 锡箔纸

→ 塑料保鲜膜

→ 抹布

→ 筛子

# 厨房守则与食品安全
## （如何不破坏你的食物或乐趣）

下面是一些注意事项，用以确保你和你的食物在厨房里是安全的。

→ 1. 成年人的角色非常关键！千万不要在家里没有成年人的情况下烹饪。在开始实验步骤之前，儿童应该和成年人仔细核对一下，让他们知道都有哪些步骤需要他们提供帮助（在每一个实验步骤中都有说明）。成年人必须监管所有的热源（如烤箱、加热炉和微波炉）以及锋利物品（如刀具）的使用，当然也要确保食品安全，包括清洁与适当的冷藏。

→ 2. 当心热饮——请随时接受成年人的监护。加热的糖浆和其他沸腾的液体会引起危险且疼痛的灼伤。应当由成年人操作，把热的液体从加热炉或微波炉里取出并倒出，此时，儿童应当保持距离直到液体冷却。探测任何热液体的温度，请使用温度计而不是手指。

→ 3. 把光脚盖住，把长发挽到背后。飘散的头发不仅有着火的风险，而且在食物中发现头发也会令人很恶心。脚面应当有东西覆盖，以避免因飞溅的灼热液体而造成的烫伤以及因厨房工具掉落而造成的伤害。

→ 4. 积极防火。永远不要背对着加热炉，也不要让烧热的炉子处于无人看管的状态。确保热垫子、烤箱手套和锅架远离明火与炉子。

→ 5. 应始终遵守电气安全守则。保持所有电线远离水源，电器设备与水槽保持距离。务必让湿手与电源插座保持距离。

→ 6. 灭火器是厨师最好的朋友，你也应当在厨房里随时准备一支。记住：任何时候当你烹饪或烘焙时，都应该有一位成年人在附近，这样可以扑灭可能发生的火灾。不要试图用水或面粉覆盖在油脂（脂肪、黄油或植物油）引燃的火焰上。如果热油着火了，要由成年人盖上锅盖。盐和小苏打也可以用来扑灭油脂起火。

→ 7. 细菌不是你的朋友。虽然有些微生物能够让你保持健康，但也有很多会让你生病，所以要留意微生物。

· 准备食物前应用肥皂洗手，处理过生肉或鸡蛋之后，应重新洗手。一边洗手一边数数，确保搓拭30秒以上。

· 洗干净新鲜的水果蔬菜。

· 准备食物的时候不要舔舐手指。如果你要打喷嚏，须转身并离开食物，用胳膊捂住口鼻后再打喷嚏。

· 将肉类和乳制品等易腐食品放在冰箱中保存，需待其冷却至室温后再冷藏。

→ 8. 注意锅柄方向。不使用锅具的时候，锅柄应当转向加热炉的后面，以防发生事故。

→ 9. 烹饪完成后应检查厨房。仔细检查烤箱和加热炉是否已经关闭，桌台是否已用肥皂和抹布擦拭干净。

→ 10. 不懂就问。如果不确定自己做什么是安全的，或者不知道该怎么做，请向周围的成年人求助。

→ 11. 刀具对于烹饪而言是必不可少的，但即使是最有经验的厨师也知道，必须正确而又谨慎地使用它们。所有的切割和剁劈都应当在成年人的监护下进行。

→ 12. 从错误中吸取教训。如果一个实验步骤不成功，或者你的厨房出现了事故，找出是哪里出了问题，再试一次，或者换一种方法继续尝试。烹饪是一门科学，许多伟大的科学发现和想法，都来自那些发生了意外转变的实验。

# 令人沉迷的饮料

无论是朋友聚会还是放学后吃点零食，喝上一杯甜饮料都是让人非常开心的事，你可以借助于科学帮你创造出完美的解渴饮品。

通过向水中加入大量的糖并加热混合物，你可以制作出一种简单的糖浆，科学家们称之为"过饱和溶液"。这些美味的糖浆可以给各种食物增甜或提味，从木薯到碳酸水一应俱全。

如果你更喜欢给自己的苏打水充一点二氧化碳气，那么有一种叫做"酵母"的微生物可以帮你。酵母在消耗糖分的时候也会产生二氧化碳，因此，通过混合水、糖、酵母和调味料，你可以在瓶子里自制出气泡。

在这一单元中，其他美味的饮料还包括珍珠奶茶，由吸了水的木薯珍珠粉圆制成，还有彩色的柠檬水，这是由不同密度的液体形成的渐变。

"我们常常觉得喝饮料是件理所当然的事……可惜的是，我们没有像对待自己咀嚼的食物那样，花同样多的心思和精力让它们变得美味可口。"

马克·彼特曼
（《如何烹饪一切》一书作者）

# 甜味水果糖浆

## 实验材料

→ 3杯（约375克）新鲜（或冷冻的）水果（如树莓、樱桃或水果拼盘）

→ 1杯（约200克）糖

→ 1杯（约235毫升）水

→ 1杯（约235毫升）苏打水

## 实验工具

→ 大碗

→ 中号（或大号）厚底平底锅

→ 过滤器（或滤网）

→ 勺子

→ 加热炉

## 安全提示与注意事项

要制作糖浆，势必要把水果和糖的混合物加热至很烫的程度，这就容易导致灼伤。需要成年人在旁监督操作。

| 挑战级别  | 时长 约30分钟 | 产出结果 根据不同的水果，产出2-3杯（约644-966克）糖浆 |
|---|---|---|

烹调美味的水果糖浆，将苏打水转化为自制的苏打饮品。尝试不同的颜色和口味，可以让实验变得更有趣。

图6：喝一杯自制的苏打饮品。

## 实验步骤

**第1步**：将水果、水和糖加入平底锅中。（图1、图2）

**第2步**：将热源调至中高火，加热它们的混合物。

**第3步**：不断搅拌并继续煮15–20分钟，直到水果变得足够软，可以在煮的过程中用勺子将其压碎。也有一些水果需要更长的时间加热。（图3）

**第4步**：冷却混合物。

**第5步**：将过滤器（或滤网）放置在一个足够装下锅里混合物的大碗上方。用勺子把倒入过滤器的混合物中的液体成分压出来，收集到下方的大碗中。（图4）

**第6步**：在一杯苏打水中加入几勺滤出的糖浆液体，搅拌后就可以制成水果口味的苏打水。（图5）

**第7步**：喝一喝你自制的苏打饮品吧。（图6）

##  奇思妙想

你可以调出什么口味？哪一种颜色最鲜艳？试着用甜味水果糖浆来制作日落柠檬水（实验4），或是用红糖制成的简易糖浆给粉紫色的珍珠奶茶里的珍珠粉圆增甜（实验3）。

## 科学揭秘

简单的糖浆，就是室温条件下水中所含糖分比一般情况下的最高含量更高的一种液体。类似于这样的一些溶液，科学家们将其称为"过饱和溶液"。

用加热炉对水施加热量，更多的糖分子可能会因此而溶解，从而创造出一种甜蜜而美味的液体，可以用它来给各种食物增甜，从煎饼到饮料均适用。

图1：称量水果（或树莓）的量，将它们加入平底锅中。　图2：倒入水和糖。

图3：持续加热直到水果软化。　图4：将残留的果物从混合物中滤出。

图5：将从混合物中滤出的糖浆加入苏打水中。

# 酵母碳酸汽水

## 实验材料

- → 16杯（每杯约235毫升）温水（不要过烫）
- → 2杯（约400克）糖
- → 1勺（约15毫升）根汁汽水①（或苏打水）
- → $\frac{1}{8}$茶匙（约0.75克）酵母（用来酿造香槟酒、葡萄酒或啤酒的酵母的效果最好，也可以使用新鲜的面包酵母）

## 实验工具

- → 1个（约4.5升）混合容器（或大锅）
- → 有盖的空塑料汽水瓶
- → 标签纸与笔
- → 较大的搅拌勺
- → 小碗
- → 漏斗（可选）

---

① 根汁汽水（Root Beer），也称为"根啤"，是一种无酒精饮料，最初用檫木的根制成，盛行于北美；本实验中可用其他不含气泡的饮料（如果汁等）替代（编者注）

没有什么比一杯冰镇的碳酸汽水更令人舒爽了，要是用酵母、糖、水以及苏打水来酿造你自己的调制饮料，那就更有趣了。一旦掌握了自制碳酸汽水的方法，你便可以制作任意口味的碳酸饮料了。

图5：当瓶子触感坚硬之后，先将其冷却，再打开。然后便可与朋友一起分享这瓶汽水了。

图1：向温水中加入酵母。

图2：在温水中加入糖和不含气泡的饮料。

## 安全提示与注意事项

如果你把装入瓶子的自制碳酸汽水遗忘在某个温暖的角落，那么瓶中不断发酵的汽水可能会造成瓶子爆炸。如果你发现塑料瓶膨胀了起来，或者当你挤压它的时候根本没有弹性，你就应该扔掉它了，而不是试图将它打开。

按照实验步骤中的说明，将瓶子移到一处较冷的地方保存，并继续定期检查瓶子，在打开它们之前，记得将其放入冰箱里冷藏。

瓶子底部可能有一些酵母的残渣，喝下去是安全的，但你也可以小心地倾倒，防止瓶中的残渣污染你的饮料。

## 实验步骤

**第1步**：在小碗中，将 $\frac{1}{8}$ 茶匙（约0.75克）的酵母全部溶解在1杯（约235毫升）温水中。（图1）

**第2步**：将2杯（约400克）糖全都加入容器（约4.5升）中，加入足够多的水，使容器中的总体积达到8杯（约1.88升）左右。（图2）

**第3步**：摇晃提前准备好的不含气泡饮料（或苏打水），向上述糖水混合物中加入1勺，随后充分搅拌。

**第4步**：将7杯（约1.65升）水以及第1步中的酵母混合物加入糖水混合物中，充分混合。

**第5步**：将上述混合物填充到干净的塑料瓶中，直到液面距离顶部2.5-5厘米，并将瓶盖旋紧。（图3）

**第6步**：在瓶身上贴上标签，记录制作日期。（图4）

**第7步**：挤压瓶身，检查其在发酵开始之前的坚硬程度。

**第8步**：将自制汽水放在室温下保存3-5天，偶尔摸一摸瓶子，看看它们是否已经因为内部二氧化碳气体的压强而变硬了。

**第9步**：当瓶身摸起来已经很硬的时候，将它们放倒，侧放在一张烤盘上，移到阴凉避光的位置保存1-2周。在打开之前，记得将它们直立地放置在冰箱中1-2天。

**第10步**：尝尝你自制的碳酸汽水，与朋友们分享吧。（图5）

图3：在塑料瓶中装满混合物。

图4：在瓶身上写制作日期。

## ✦ 奇思妙想

自制一些冰淇淋（实验50），把它加在你自制的碳酸汽水中。

## 💡 科学揭秘

面包酵母和啤酒酵母都是活的有机体，被称为"真菌"，和蘑菇也有些关系。将水和糖加入干酵母中，可以促使它们生长。当酵母消化糖的时候，便会在发酵过程中产生二氧化碳气体。

当酵母菌在温暖的环境下快速繁殖时，它们会产生足够多的二氧化碳气体，从而在自制汽水中产生气泡（碳酸化）。它们消化的糖越多，产生的二氧化碳就会越多，瓶内的气体压力也会越大。这也就是为什么你只能把瓶子在室温下放置几天，随后就得把它们移到较冷的某处地方，这样酵母就不会繁殖得那么快。

# 风味珍珠奶茶

## 实验材料

→ 2杯（约475毫升）水
→ $\frac{1}{4}$ 杯（约56克）木薯珍珠粉圆

**单糖浆**

→ 2杯（约300克）红糖
→ 1杯（约235毫升）水

**水果奶昔风味奶茶**

→ 1杯（约255克）冷冻水果
→ 1杯（约235毫升）牛奶
→ 2勺糖（26克）或蜂蜜（约40克）

**抹茶风味奶茶**

→ 1茶匙（约4.5克）抹茶粉
→ 1杯（约235毫升）牛奶
→ 1杯（约140克）冰
→ 2勺糖（约26克）或蜂蜜（约40克）

## 实验工具

→ 2个中号平底锅
→ 搅拌机
→ 搅拌勺
→ 加热炉

|  挑战级别 | 过敏警告 奶制品 | 时长 约30分钟 | 产出结果 2杯（约475毫升）珍珠奶茶 |
|---|---|---|---|

珍珠奶茶是一种已经流行多年的知名饮料。烹制一些珍珠粉圆，将它们加入你最喜欢的茶（或奶昔）中，便可以制作出这种可口的饮料，它将会具有属于你的独特风味。

图5：制作出足量的饮料，分享给每一个人。

图1：在水中烹煮珍珠粉圆，然后洗净并滤干。

图2：用糖浆为珍珠粉圆增甜，并储存在冰箱中

图3：用搅拌机混合调制出水果奶昔风味或抹茶风味的奶茶。

图4：玻璃杯中加入珍珠粉圆，倒入自制奶茶。

## 实验步骤

**第1步：** 首先从烹制珍珠粉圆开始。在中号平底锅里煮2杯（约475毫升）水。

**第2步：** 向水中加入珍珠粉圆，搅拌，直到这些珍珠粉圆开始上浮到水面。

**第3步：** 调至中高火，烹煮15分钟，随后关闭加热，静置15分钟，使珍珠粉圆充分吸收水分。在静置期间，可以制作单糖浆（见后续步骤）。

**第4步：** 制作单糖浆来给珍珠粉圆增甜。取另一个中号平底锅，盛1杯（约235毫升）水，向其中加入2杯（约300克）红糖。

**第5步：** 煮沸上述混合物直到红糖完全溶解，即可停止加热。

**第6步：** 将煮熟的珍珠粉圆洗净并滤干。（图1）

**第7步：** 将滤干的珍珠粉圆倒入制作好的单糖浆中，放置在冰箱中至少一个星期。（图2）

**第8步：** 依照实验材料的清单，混合不同成分，制作出水果奶昔风味或抹茶风味的奶茶。（图3）

**第9步：** 在透明玻璃杯中加入少许保存在冰箱中的珍珠粉圆，然后倒入奶茶混合物。尝尝这杯你自制的珍珠奶茶，如果它还不够甜，可以再加少许单糖浆。（图4，图5）

## 奇思妙想

你能用甜味水果糖浆（实验1）给本实验中的珍珠粉圆调味吗？你还可以调制出其他什么口味的奶昔或奶茶，用来搭配珍珠粉圆呢？

## 科学揭秘

珍珠粉圆是由木薯（Manihot esculenta）的多淀粉块根制成的，木薯也被称为木番薯或树薯。将其块根剥皮、研磨、浸泡并烘烤，可以去除有毒化合物，在此过程中便可收集到凝胶状的木薯，经加工后可制成大小均匀的珍珠粉圆。

要使木薯的黏稠度适合用来制作珍珠奶茶，就必须用水进行二次水化。将其煮沸，让水进入其碳水化合物的网状结构中，便可形成人人都爱吃的弹牙珍珠凝胶。

# 日落柠檬水

## 实验材料

→ 单糖浆（如购入的现成饮料糖浆，或是经由实验1获取的糖浆，又或是其他水果味的烘焙糖浆）

→ 柠檬水

→ 碳酸水

→ 树莓（可选）

## 实验工具

→ 干净的玻璃杯

→ 勺子（或吸管）

| 挑战级别  | 时长<br>约15分钟 | 产出结果<br>取决于你所用的玻璃杯大小 |
|---|---|---|

因为富含糖分子，单糖浆会形成一道道可供饮用的分层，也就是密度梯度，沉降在玻璃杯的底部，直到你将它们混合起来。

图5：尝尝你的杰作！

## 实验步骤

**第1步**：向玻璃杯中倒入少许糖浆。（图1）

**第2步**：使用勺子（或吸管），将柠檬水小心缓慢地加到玻璃杯内糖浆的上方。你可以让液体顺着杯壁缓慢地流下去，这样效果最好。（图2）

**第3步**：在碳酸水中加入适量的糖浆（可以加不同颜色的糖浆），使其呈浅色。再将其用同样的方法，缓慢地加在柠檬水的上方形成分层。（图3）

**第4步**：如果有的话，可以放一颗水果（如树莓）浮于饮料表面。（图4）

**第5步**：尝尝你的作品。（图5）

**第6步**：看看还有其他哪些水果、糖浆、苏打水（或碳酸水）可供尝试组合？（图6）

## 奇思妙想

自制单糖浆（实验1）用于你的柠檬水饮品。

## 科学揭秘

原子是物质的基石。糖分子是由许多碳原子、氧原子及氢原子结合在一起构成的。

一定体积的液体中，所含的原子数量决定了液体的密度。每升液体中的原子越多，它的密度就会越大。密度较小的液体会漂浮在密度较大的液体上方。

这也就是为什么你可以让含有少量糖分的碳酸水置于更甜的柠檬水上方，而什么都没加的柠檬水却又可以置于一层高糖含量的糖浆上方，最终形成分层的原因。

图1：将糖浆倒入玻璃杯底部。

图2：借助勺子（或吸管）引流，在糖浆上方覆盖一层柠檬水。

图3：在碳酸水中加入一些糖浆混合，再将其倒入玻璃杯，覆盖于柠檬水上方。

图4：放入一颗水果，浮在饮料表面。

图6：你还能尝试组合其他哪些糖浆、果汁以及苏打水（或碳酸水）？

# 精美的小吃

你可以借助科学制作出精美的小吃。

在微波炉中制作爆米花，体验蒸汽压力的乐趣，使美味的水果皮脱水，用醋酸腌制一些酸得让人咧嘴的黄瓜，或是用小苏打浸泡使椒盐卷饼更松软。

一个好故事会让食物更有趣。所以，告诉你的朋友，德国的松软椒盐卷饼，是某个面包师在不小心用碱液制成的洗衣粉刷面包棍时发明的。幸运的是，小苏打用来涂刷椒盐卷饼要比碱液更安全，并且会引发同样的化学反应——给椒盐卷饼一个华丽的棕色外壳，它令人食欲大增。

"知道配料混合在一起或是当它们进入烤箱时，是如何相互作用的，这是享受烘焙乐趣的关键。它能让你更有创造力，并尝试各种饼干、蛋糕、馅饼和面包的口味与质地。"

弗朗索瓦

(《五分钟轻松在家做面包》系列的作者, zoebakes.com网站的首席糕点师)

# 纸袋爆米花

##  实验材料

→ $\frac{1}{2}$杯（约85克）未爆开的玉米颗粒

→ 1茶匙（约5毫升）菜籽油（或其他植物油）

→ 盐

##  实验工具

→ 2个纸袋

→ 微波炉

→ 小碗（可选）

| 挑战级别 | 时长 | 产出结果 |
|---|---|---|
|  | 约5分钟 | 8杯爆米花 |

享用爆米花时诱人的"吱嘎吱嘎"声既可以满足我们对食盐的欲望，又可以让边吃边看的电影变得更特别。将玉米装在纸袋里炸开成爆米花，既快捷又简单，而且还有一个额外的好处——不会弄脏任何盘子。

图4：用微波炉加热，直到爆米花完成。小心地打开纸袋。

图1：称量玉米颗粒。　　　　　图2：在玉米颗粒中加入油并混合。　　　　图3：将玉米颗粒倒入纸袋，将纸袋顶　　图5：与你的朋友分享爆米花。
　　　　　　　　　　　　　　　　　　　　　　　　　　　　　　　　　　　　　　　　　　部折叠封口。

## 实验步骤

**第1步：** 将一个纸袋套入另一个纸袋子内，形成双层纸袋。

**第2步：** 将未爆开的玉米颗粒倒入小碗中。（图1）

**第3步：** 用勺子把油加入玉米颗粒中混合，或者直接将玉米颗粒和油一起加入袋子中摇晃混合。（图2）

**第4步：** 将玉米颗粒与油倒入双层纸袋中，将纸袋顶部折叠封口。（图3）

**第5步：** 微波炉调至高火，加热3-4分钟，直到炉中的爆响完全停止。小心地打开纸袋，以避免被蒸汽烫伤。（图4）

**第6步：** 和朋友分享你的爆米花吧。（图5）

 ## 科学揭秘

玉米很特别。它的核都被紧密地包裹在一个玻璃状的外壳里，可以很好地承受压力。当爆米花被加热到100摄氏度时，玉米核内部的水分会蒸发成水蒸气，内部便会产生气压。

在大约173-198℃时，玉米的外壳破裂，水分蒸发，随着内部的爆炸，熟化的淀粉就会发生膨胀。

好的爆米花玉米颗粒含有适量的水分，并密封储存在防潮的容器中，可以获得最佳的爆米花爆裂性。

## 实验 **6**　椒盐卷饼面包棒

### 实验材料

- → 2杯（约475毫升）温水（不要过烫）
- → 1茶匙（约4.5克）盐
- → $\frac{1}{2}$杯（约75克）颜色较浅的红糖（黄糖）
- → 2包（约14克）活性干酵母
- → $\frac{1}{4}$杯（约60毫升）植物油
- → 6杯（约750克）通用面粉
- → 喷雾油（或黄油）
- → $\frac{1}{2}$杯（约110克）食用小苏打
- → 1颗大鸡蛋
- → 用来给椒盐卷饼调味的犹太盐①（或片状盐）

### 实验工具

- → 3–4个烤盘
- → 油刷
- → 餐刀（或厨房剪刀）
- → 大号深锅
- → 大碗
- → 烤箱
- → 纸巾
- → 厨房用吸油纸
- → 漏勺
- → 小碗
- → 勺子

| 挑战级别 | 过敏警告 | 时长 | 产出结果 |
| --- | --- | --- | --- |
| 🍳🍳🍳🍳 | 鸡蛋、小麦 | 约2小时 | 24–36个椒盐卷饼面包棒 |

加入了小苏打的水煮面团，会使松软的椒盐卷饼具有独特的风味与颜色。把它们从烤箱里端出来，马上就会被风卷残云般吃掉。

本实验根据《美食与美酒》杂志以及我母亲所在的烹饪学校"厨师工作室"的食谱改编。

图9：烘焙面团直至它们变成深棕色。

---

① 犹太盐是根据犹太传统工艺制作成的一种食用盐，在本实验中，可使用粗盐替代（译者注）

图1：往水中加入酵母与红糖。

图2：将面粉与盐混合。

图3：在擀面板上搓揉面团。

　　小心沸水。当你处理这一系列实验步骤的时候，最好有一位成年人在身边照看。

　　不要把这些美味小吃的个头做得太大，这样会更容易把它们拿在手上。如果椒盐卷饼在煮的时候分离开了，可以将它们切得更短一些。

## 实验步骤

**第1步**：将$\frac{1}{2}$杯（约75克）红糖溶解在2杯（约475毫升）温水中，再加入干酵母使其重新水化。搅拌混合物，静置5分钟。（图1）

**第2步**：向酵母混合物中加入$\frac{1}{4}$杯（约60毫升）植物油。

**第3步**：将$\frac{1}{2}$茶匙（约2.25克）盐与3杯（约375克）面粉放在一起，充分混合，在搅拌过程中加入上述酵母与植物油的混合物。（图2）

**第4步**：用手揉面团，一边揉一边加入另外$2\frac{3}{4}$杯（约340克）面粉，然后将面团倒在一个撒有面粉的平板上。

**第5步**：继续搓揉这块面团，直到它变得软和而细腻，如果有必要的话，加入剩下的$\frac{1}{4}$杯面粉，这样面粉就不会因为太黏而影响操作。（图3）

**第6步**：在大碗上涂上植物油。放入面团，让它在室温下涨大，直到面团体积增大1倍（耗时约30-45分钟，具体取决于室温）。

**第7步**：预热烤箱至230℃。

**第8步**：将涂有喷雾油（或黄油）的吸油纸垫在烤盘上，再将烤盘排成一排。

**第9步**：锤击椒盐卷饼的面团，再重新搓揉成面团。将它铺平，切成24块大小差不多的小面团。（图4，图5）

**第10步**：将每一块小面团都卷成棒状，大约1.3厘米厚，然后将每个棒状面团一切为二。将它们放在烤盘里的吸油纸上，彼此之间留出约两倍的空间。静置发面25分钟。（图6）

**第11步**：在小碗中打1个鸡蛋，加入1汤勺水，再将发起来的面团浸入鸡蛋液中。

**第12步**：将大约2升水和$\frac{1}{2}$杯（约110克）小苏打放入深锅中，炖至微沸的状态。调至中火，将一些纸巾垫于一个大盘子里，待用。

**第13步**：用漏勺转移6-8个面团到微沸的水中。大约20秒后，将它们翻面，再煮沸20秒。（图7）

**第14步**：将煮过的面团放在纸巾上，吸干水分后再放回烤盘里的吸油纸上。继续煮剩下的面团棒。进行到一半时，向开水中再加入1杯热水以补充其消耗。

## 椒盐卷饼面包棍
### （续）

图4：让面团发起来，然后锤击。

图5：将面团压平，切成小段。

图6：将面团卷起来，从中切开。

图7：在加入了小苏打的水中煮一煮面团。

图8：将面团划开，刷上鸡蛋液。

图10：和朋友分享你的椒盐卷饼面包棒。

## 奇思妙想

自制香蒜酱（实验20）、蒜泥蛋黄酱（实验16）或鹰嘴豆泥（实验17），给你的椒盐卷饼增添更多味道。

## 科学揭秘

一种被称为"美拉德反应"（Maillard reaction）的化学反应，赋予了饼干、面包壳、烤牛排以及松软的椒盐卷饼等食物以美丽的金棕色与丰富的风味。美拉德反应也被称为"褐变反应"，当某些被称为还原糖的糖与氨基酸（蛋白质的组成部分）一起加热时便会发生。

通过添加小苏打提高食物的pH值——或者说，让食物不那么酸——可以加速美拉德反应。当你做椒盐卷饼时，将面团放在混有小苏打的水里煮沸，然后用鸡蛋的蛋白质刷一遍，就为最终呈现的美丽焦糖色创造了完美条件。

第一个巴伐利亚椒盐卷饼是在1939年被偶然发现的，德国一名面包师错误地用碱水（氢氧化钠）替代糖水，在他的椒盐卷饼上涂了一遍。没想到，结果却很好吃。

**第15步**：将面团的顶部轻轻地剪开或划开，用鸡蛋液刷一下，然后撒上盐。在230℃下烤10分钟，或者等到它们变成深棕色。（图8、图9）

**第16步**：享用这松软的椒盐卷饼面包棒，或是配上你最喜欢的蘸酱。（图10）

# 风味果丹皮

## 实验材料

→ 3杯（约435克）切碎的新鲜（或冷冻）水果（如草莓、蓝莓、树莓、芒果或桃子）

→ 1勺（约15毫升）柠檬汁

→ 1-4勺（约20-80克）蜂蜜

→ $\frac{1}{4}$ 杯（约60毫升）水（可选，实际用量取决于不同水果）

## 实验工具

→ 烤盘

→ 叉子

→ 厨房剪刀（或洁净的普通剪刀，可选）

→ 带盖的深煮锅

→ 标准（或手持）搅拌机（可选）

→ 硅胶垫（或厨房用吸油纸）

→ 烤箱

→ 木勺

→ 小刀（或刮刀）

→ 剪了一角的塑料袋，用作裱花袋（可选）

| 挑战级别 | 时长 | 产出结果 |
|---|---|---|
| | 约30分钟手工操作，另需2-3小时干燥时间 | 12-24片果丹皮，实际数量根据所用水果及工艺而定 |

一旦你品尝过这些自然甜的水果零食，便会欲罢不能！在享用美味之前，不妨用吸油纸把自制的果丹皮卷起来保存（可以切成颇具创意的各种形状）。

图5：你制作出了果丹皮！

图1：向水果中加入蜂蜜。

图2：用中火加热。

图3：把水果混合物铺开（或用裱花袋）挤在硅胶垫上。

图4：在烤箱中干燥这些果丹皮，直到它们不再粘手。

## 安全提示与注意事项

热果丹皮会引起烫伤，等它凉了之后再品尝。

果丹皮干燥时，硅胶垫会比吸油纸的效果更好，但这两者你都可以使用。

冷冻芒果是我们全家最喜欢用来做果丹皮的水果。

一次可以多做几批果丹皮，创造出多种口味和颜色。

有些水果组合会比其他水果干得更快。像芒果这样的果丹皮很快就能完成干燥，可以先从锅中取出来，而其他的果丹皮可以放入烤箱中继续烤干。

## 实验步骤

**第1步**：在最低的可设定温度下对烤箱进行预加热，比如77℃。

**第2步**：将切好的水果和柠檬汁放入煮锅中。

**第3步**：在水果上涂上蜂蜜。像蓝莓和草莓这样的水果可以多放一些，口感会更好，而桃子和芒果可以少放一些。（图1）

**第4步**：在中火下烹煮这些水果，不时搅拌，直到大部分水都已蒸发，锅内黏稠得就像果酱一般。此时水果应当足够酥软，能用叉子挤碎。像芒果这样的水果，含水量较少，烹煮的时候还需要多加$\frac{1}{4}$杯（约60毫升）水才行。（图2）

**第5步**：将这些水果混合物从热源上移开，使其冷却。

**第6步**：当水果降温至室温时，将其转移到大碗中，然后用叉子（或搅拌机）不断搅拌，直至变成顺滑的膏状。

**第7步**：尝尝这些混合物，看看是否还需要再加点蜂蜜。它应该有酸味，但很开胃。如果有必要，可以再加1勺蜂蜜。

**第8步**：把这些水果混合物铺开（或用裱花袋）挤在硅胶垫（或吸油纸）上。用小刀（或刮刀）将它摊成薄薄一层。（图3）

**第9步**：把这些水果放入烤箱进行干燥，直到它们摸起来不再粘手。（图4）

**第10步**：当水果变干后，将这些果丹皮从硅胶垫（或吸油纸）上剥下来。将它们卷在吸油纸里（可以切成有趣的形状）保存。尽量在制作出来后的一周内把它们吃掉。（图5）

## 奇思妙想

可以选择不同的水果类型及组合进行尝试。是不是有些水果的含水量更高一些？比起那些味道可口的水果，酸味的水果会自然地含有更多的酸，将它们加入甜水果中，会创造出更有风味的组合。

## 科学揭秘

微生物，如细菌和真菌，需要有水才能生长繁殖。像水果、肉类以及乳制品这样的新鲜食物都会含有大量水分，可以让微生物更容易生长，同时也会提供营养。尽管水果会有果皮保护，但大多数水果在室温条件下放置几天后便会开始变质。

脱水是一种古老的食品保存方法，甭管是鱼头还是芋头，所有的食物在室温条件下的储存都因此变为可能。对水果进行脱水（干燥），可以除去足够的水分，防止微生物生长。水果和蜂蜜中的糖，也可以抑制细菌。

# 让人咧嘴的泡菜

## 实验材料

→ 小黄瓜

→ 洋葱（或大蒜，可选）

→ 2坏（约475毫升）白醋（或苹果醋、米醋）

→ 2茶匙（约9克）盐

→ 8茶匙（约36克）糖

## 实验工具

→ 砧板

→ 搅拌勺

→ 菜刀

→ 玻璃罐

## 安全提示与注意事项

采取适当的切菜技巧，手指压在蔬菜上，前指关节缩回，以便躲开菜刀的刀尖。

如果用的是苹果醋（或米醋），糖的用量要减半。

| 挑战级别  | 时长 约30分钟 | 产出结果 本实验配方可以制作出2杯（约475毫升）醋泡菜，但你也可以多做一些，两倍量、三倍量……完全取决于你的黄瓜用量 |
|---|---|---|

食用醋是经过稀释的醋酸，添加到食物中可以中和或提味、用糖减弱醋的酸味，再将切成薄片的黄瓜浸入其中，放进冰箱制成泡菜，为野餐和夏季烧烤增添美味吧！

图5：搭配着零食，品味你的泡菜。

图1：将黄瓜切成片状（或条状）。

图2：切好的黄瓜紧紧地放入玻璃罐中。

图3：向罐子中倒入配好的醋溶液。

图4：松松地拧上瓶盖。

## 实验步骤

**第1步：** 将黄瓜切成片状（或条状）。（图1）

**第2步：** 将它们紧紧地压在玻璃罐中。如果有需要，可以加入洋葱（或大蒜）。（图2）

**第3步：** 混合2杯（约475毫升）白醋、2茶匙（约9克）盐和8茶匙（约36克）糖，不断搅拌，直至糖全部溶解。

**第4步：** 将这些混合物倒入黄瓜中。根据你的口味，可以制作更多的醋溶液，或直接用醋把罐子灌满。松松地旋上瓶盖。（图3、图4）

**第5步：** 冷藏泡菜1–2天。将泡菜与零食搭配享用，或是夹在三明治中食用。（图5）

 **奇思妙想**

制作一些椒盐卷饼（实验6），和你的泡菜搭配食用。

要想制作具有美国南部风味的泡菜，需要把黄瓜切得非常薄，撒上盐，静置半个小时。再用纸巾擦干，加入到醋和糖的混合物中。冷藏后，可以作为开胃菜食用。

也可以用其他蔬菜制作泡菜，比如切得很薄的洋葱。试着用不同的调味品进行实验。

 **科学揭秘**

像柠檬酸和醋这样的酸味食物，吃起来很刺激，所以经常会被添加到食物中用以中和或提味。它们也可以用来保存食物，这一过程被称为"腌制"。

食醋的学名叫作"醋酸"，商店里买到的醋，已经用了大量的水进行稀释，以确保它对顾客而言是安全的。它不仅尝起来酸，同时也能杀灭微生物，而且可以让那些能与氧气反应并使蔬菜变成褐色的物质失活，使经过腌制的蔬菜看起来更漂亮。

# 果汁意大利面与爆爆珠

## 实验材料

→ $\frac{3}{4}$ 杯（约175毫升）果汁，（如芒果或橙子果汁，不加钙）

→ $\frac{1}{4}$ 茶匙（约4.5克）海藻酸钠

→ 2茶匙（约9克）氯化钙

→ 4杯（约946毫升）水，可另准备一些备用

## 实验工具

→ 2个大碗

→ 搅拌机（或手持式搅拌机、球形搅打器）

→ 中碗

→ 搅拌勺（或搅拌棒）

→ 漏勺

→ 挤压瓶（或中号、大号的注射器）

| 挑战级别 | 时长 | 产出结果 |
|---|---|---|
| 🍴🍴🍴 | 约1小时手工，冷藏时间约2小时或过夜 | $\frac{3}{4}$ 杯（约175毫升）果汁/海藻酸钠混合物，用于制作爆珠或果汁意大利面 |

**利用科研实验室里的技术，制作出可口的果汁意大利面与爆爆珠吧！**

图5：摆盘并享用吧！

## 安全提示与注意事项

你可能需要为了这个实验订购一些原材料，你还需要一个挤压瓶（或注射器），但是这个实验会非常有趣，因此麻烦一下也很值得。

水果汁含有太多钙质，当你加入海藻酸钠时可能会立即固化，所以有个好办法是同时准备多份不同种类的果汁当作备选。

## 实验步骤

**第1步**：在中碗里倒入 $\frac{3}{4}$ 杯（约175毫升）果汁，冷藏30分钟。这有助于在第2步溶解海藻酸钠。

**第2步**：搅拌（或搅打）上述冷藏过的果汁，将海藻酸钠撒入其中。充分搅拌，尽可能撇去气泡。液体会变得略微黏稠。（图1）

**第3步**：将液体放入冰箱，静置2小时或过夜，以便除去气泡。

**第4步**：当海藻酸钠混合物准备好后，在一个大碗里装满水。

**第5步**：在水中加入氯化钙，并不断搅拌直至其溶解，制成氯化钙溶液。（图2）

**第6步**：在注射器（或挤压瓶）中装满果汁/海藻酸钠混合物，试着以一次一滴的方式滴入上述氯化钙溶液中，以便形成爆爆珠，它也被称作球形鱼子酱。（图3）

**第7步**：将爆爆珠静置在溶液中1–3分钟，再用漏勺将其捞出。

**第8步**：在大碗中装满干净的水，用它浸泡爆爆珠。

**第9步**：如果要制作果汁意大利面，需要将果汁/海藻酸钠溶液挤成连续的线状落入氯化钙溶液中。再将其静置直至变硬，然后捞出并依上一步骤浸泡在清水中。（图4）

**第10步**：尝尝你的作品。未食用的爆爆珠和果汁意大利面可以保存在不含海藻酸钠的果汁中。（图5）

图3：用注射器（或挤压瓶）制作爆爆珠。

图4：用黏稠的果汁/海藻酸钠溶液制作出很棒的水果汁意大利面。

 **奇思妙想**

将爆爆珠加入水果奶昔或冷冻抹茶中（实验3）。

试着使用不同的果汁，看看哪一种在制作爆爆珠和果汁意大利面时效果最好。

 **科学揭秘**

海藻酸钠是一种存在于褐藻（包括海藻和海带）细胞壁中的物质。它具有类似橡胶或凝胶的坚韧性，这对于海藻的弹性而言很重要，使得海藻能够在海浪下摇摆。

就算不在海里，你也可以用海藻酸钠在果汁中制作出气球状的点滴或意大利面那样的长丝。我们应该感谢从事这一美味项目的科学家们，正是他们发现了海藻酸钠与钙离子之间的化学反应会致使海藻酸钠聚合，形成凝胶。在这个实验中，凝胶在海藻酸钠果汁团的外面形成，这是化学反应发生的位置，但果汁团的内部却仍然保持为液态！

# 细腻的奶酪与美妙的发酵

发酵是包括细菌与酵母菌在内的微生物分解某些物质的化学过程。

数千年来，从奶酪到泡菜，微生物已经帮人类实现了很多食物加工方法，但科学家们才刚刚开始了解益生菌对人类健康的影响。吃一些发酵食品，比如酸奶或乳酸发酵的蔬菜，可能有助于保持我们的肠道内充满好的细菌，从而将那些致病菌"挤"出去。

香浓的酸奶还有丝滑的奶油，是两种美味的发酵乳制品，在家中很容易制作。将一些发酵的青刀豆加入混合物中，你便拥有了一台发酵站。泡菜与一些饼干还有自制的奶酪进行搭配，可以打造出营养丰富、美味可口的小吃拼盘。

未发酵的奶酪可以比发酵的奶酪制作得更快，只要将牛奶中不稳定的悬浮液破坏再形成凝乳即可，悬浮液是由水、脂肪以及蛋白质构成的，而凝乳可以被切割、拉伸或放入咖喱中烹调。

"我教授了很多堂烹饪课，在宾客们最感兴趣的话题中，有一个是'为什么'要在厨房中采取某个特定的加工方法处理食物。烹饪并不只是激情与创意的碰撞，更需要借助食材背后的科学原理进行创造。"

莫莉·赫尔曼

（明尼苏达州明尼阿波利斯市共享商业厨房及烹饪学校"集市厨房"的老板兼行政总厨）

# 超弹的莫泽雷勒干酪

##  实验材料

→ $1\frac{1}{4}$ 杯（约300毫升）水

→ $\frac{1}{8}$ 茶匙（约0.56克）脂肪酶
（可选）

→ $\frac{1}{4}$ 茶匙（约1.13克）氯化钙
（可选）

→ $\frac{1}{4}$ 茶匙（约1.13克）凝乳酶
（或$\frac{1}{4}$凝乳酶片）

→ $1\frac{1}{2}$ 茶匙（约6.75克）柠檬酸

→ 牛奶（约4.5升）

→ $\frac{1}{2}$ 茶匙（约2.25克）盐

##  实验工具

→ 食品温度计

→ 餐刀

→ 带盖的大锅

→ 可微波加热的安全容器

→ 微波炉

→ 搅拌勺

→ 漏勺

→ 小搅拌碗

→ 加热炉

---

① 美国一家提供家庭酿造、葡萄酒酿造及水培园艺等材料和设备的公司（编者注）

| 挑战级别 | 过敏原警告 | 时长 | 产出结果 |
|---|---|---|---|
| 🥄🥄🥄 | 奶制品 | 约1小时 | 约455克莫泽雷勒奶酪 |

**从一盒牛奶转变成干酪，这实在很令人满意。简单的莫泽雷勒干酪却充满了无限乐趣，无论是把它拉伸、定型，或是当做零食食用。**

本实验根据kitchen.com网站及中西部酿造公司①（Midwest Brewing Supply）的食谱建议改编。

图5：反复折叠抻开凝乳。

## 安全提示与注意事项

不使用经超巴氏杀菌的牛奶来制作干酪，用普通的经巴氏杀菌的牛奶制作起来会更好一些。

你可以在网上或酿造用品实体店里购买制作干酪的原料。

凝乳酶是用来将牛奶转化为干酪的一系列酶，它一般不能制作素食，但你可以买到能够制作莫泽雷勒干酪的素食专用凝乳酶。阅读包装上的说明，确认每升牛奶需要加入多少凝乳酶。如果使用的是凝乳酶片，需用厨房剪刀剪开，不要用刀切。

图1：在水中加入凝乳酶。

图2：将牛奶加热至32℃。

图3：凝乳形成后，将其切成网格状。

图4：将凝乳从液态乳清中捞出。

图6：将制成的莫泽雷勒干酪放在比萨上融化或加到沙拉中食用。

## 实验步骤

**第1步：** 如果使用氯化钙和脂肪酶的话，将两者加入到 $\frac{1}{2}$ 杯（约120毫升）冷水中并搅拌。如果不使用氯化钙和脂肪酶，则需要搁置 $\frac{1}{2}$ 杯（约120毫升）水，再用于第6步。

**第2步：** 在另外一个小容器中，将凝乳酶加入到 $\frac{1}{4}$ 杯（约60毫升）水中。（图1）

**第3步：** 另取一个碗，将柠檬酸加入到 $\frac{1}{2}$ 杯（约120毫升）水中。

**第4步：** 将牛奶倒入一口大锅中，加入第3步中的柠檬酸溶液。

**第5步：** 用中高火加热并进行搅拌，将牛奶加热至32℃，随后从热源上移除。（图2）

**第6步：** 将氯化钙/脂肪酶溶液或第1步中的水加入其中，并加入第2步中的凝乳酶溶液，将得到的混合物搅拌30秒。

**第7步：** 停止搅拌，盖上锅盖，静置混合物5分钟。

**第8步：** 取餐刀将锅里的凝乳切割成网格状，放回加热炉上，加热至41℃，同时轻轻搅拌，使凝乳保持在一起。（图3）

**第9步：** 将锅从热源上移开，并继续小心地搅拌5分钟。

**第10步：** 用漏勺将凝乳从锅里的液态乳清中捞出来，放入可微波加热的容器中。（图4）

**第11步：** 对凝乳用高火微波加热1分钟，然后倒出所有的液体。用勺子将留存的固体折叠数次。

**第12步：** 再对凝乳固体进行微波加热30秒，此步可以反复进行，直至凝乳温度达到57℃。

**第13步：** 在凝乳上撒盐，当凝乳冷却至可以用手触碰时，折叠凝乳再抻开，反复多次。（图5）

**第14步：** 加工凝乳时，凝乳的质地会发生改变，你会感觉到，它变得越来越难以拉伸，看起来也很光滑。

**第15步：** 干酪做好之后，将它做成几个小球，或是几个大球。将其放入冰箱，享用时随时取出。

## 奇思妙想

将莫泽雷勒干酪切成块，放在比萨上（实验25），可以配上椒盐卷饼面包棒（实验6）当作零食，或是与新鲜的西红柿及罗勒一起，淋上橄榄油和香醋食用。（图6）

## 科学揭秘

把牛奶转化为莫泽雷勒干酪需要进行化学反应，这种干酪也被叫作马苏里拉干酪（奶酪）。

牛奶中含有一类独特的蛋白质，被称为酪蛋白，并且一部分酪蛋白分子会有一根"尾巴"附着在水分子上，使它们与脂肪还有其他牛奶蛋白一同悬浮在牛奶中。对牛奶进行加热并添加酸，为凝乳酶这样一种被称为"酶"的化学物质提供了合适的条件，从而能够将酪蛋白的尾部切割。失去了尾部，酪蛋白也就失去了对水的"热恋"，它们会聚集在一起，俘获脂肪和一部分水，从而制造出凝乳。

使用凝乳酶而不是像柠檬汁那样的酸来制作奶酪，其中一个优点是它创造出了更中性的环境。这就使得某些特定的微生物可以在奶酪中生长，从而获得更有层次的风味。

# 完美的奶豆腐

## 实验材料

→ 全脂奶（约4.5升，未进行超巴氏杀菌）

→ $\frac{1}{4}$ 杯（约60毫升）新鲜的柠檬汁，如果有必要还可以多备一些（如2–3个柠檬）

## 实验工具

→ 薄棉纱布

→ 过滤器（或筛子）

→ 大锅

→ 搅拌勺

### 安全提示与注意事项

不断添加柠檬汁，直至你看到液体中形成了优质的凝乳。

| 挑战级别 | 过敏原警告 | 时长 | 产出结果 |
|---|---|---|---|
| ♟♟ | 奶制品 | 约30分钟手工操作，再滤水过夜 | 约455克奶豆腐 |

在家中加热牛奶再添加柠檬汁制作奶酪的过程很简单。滤干奶酪后，将其加入到咖喱中，再淋上橄榄油，或将其放入千层面中享用。

图6：奶豆腐可以与酱料搭配食用，还可以将其加入咖喱或千层面中享用。

## 实验步骤

**第1步：** 把2-3个柠檬打成果汁。（图1）

**第2步：** 将牛奶倒入一口大锅中。

**第3步：** 加热并不断搅拌牛奶，直至即将沸腾之时，在锅的边缘开始形成泡沫。（图2）

**第4步：** 加入 $\frac{1}{4}$ 杯（约60毫升）柠檬汁，关闭热源，不断搅拌直至形成凝乳，将它们从这种被称为"乳清"的淡绿色液体中分离出来。如果凝乳不成型，就再多加点柠檬汁。（图3）

**第5步：** 将双层棉纱布放在过滤器上。将凝乳从锅中舀出来放在棉纱布上晾干。挤掉多余的乳清。（图4）

**第6步：** 将棉纱布中的奶酪放回过滤器上，再在上方盖上一个叠加了重物（最好是五六百克重的罐头）的盘子。用塑料膜包上，放在冰箱里过夜，完成滤水的过程。

**第7步：** 将奶豆腐切成片并品尝。可以与水果、橄榄油和盐一同食用。还可以将它加入咖喱中，用它填充意大利空心粉或做成千层面。（图5，图6）

图1：将柠檬榨汁。

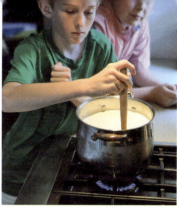

图2：加热并搅拌牛奶。

图3：在牛奶中加入柠檬汁并搅拌，直至形成凝乳。

 **科学揭秘**

牛奶中大部分是水，但也含有脂肪、蛋白质、碳水化合物、维生素和矿物质，它是由脂肪微球构成的乳液（混合物），酪蛋白则悬浮在液态奶中。制作奶酪，就是将水从脂肪和某些蛋白质中分离出来，由此制作出的凝胶状物质，我们称之为"奶酪"。

用柠檬汁酸化牛奶会改变其化学性质，破坏这种乳液，从而使脂肪和酪蛋白团聚起来形成凝乳。剩下的乳清还含有一部分蛋白质以及大部分水。

图4：将凝乳刮出，置于棉纱布上滤干。

图5：将凝乳切片。

##  实验材料

→ 1杯（约235毫升）高脂浓奶油①
→ 1勺（约15毫升）发酵酪乳②
  （未经过超巴氏杀菌）

##  实验工具

→ 抹布（或盘子）
→ 可微波炉加热的碗（或罐子），如果不使用微波炉，也可以使用小号带盖的煮锅
→ 微波炉（或烤箱）
→ 搅拌勺
→ 食品温度计

### 安全提示与注意事项

在加入酪乳后，用抹布（或盘子）松松地盖住，防止不必要的微生物进入你的鲜奶油里。

| 挑战级别  | 过敏原警告<br>奶制品 | 时长<br>约5分钟手工操作，再放置过夜 | 产出结果<br>1杯（约224克）淡奶油 |
|---|---|---|---|

这种营养而丝滑的法式酸奶油③可以很完美地打在汤里、搅拌到酱汁里、淋在烤土豆上，或是加到蘸酱里。因为它既有风味又有甜味，所以涂在水果上也会非常美味。

图6：享用你的美食吧！

---

① 高脂浓奶油（Heave cream）也可称为重脂奶油，脂肪含量约36～40%；如无法获得，可用打发用的淡奶油（脂肪含量不低于30%）替代（编者注）

② 酪乳（Buttermilk）又称酪浆、白脱牛奶，是牛奶制成黄油后剩余的液体，经发酵而带有酸味（编者注）

③ 法式酸奶油（Crème fraîche）是一种酸化的奶油，脂肪含量约30%~40%，呈浓稠的半固体状（编者注）

## 实验步骤

**第1步**：将1杯（约235毫升）高脂浓奶油倒入可微波加热的容器（或煮锅）中。（图1）

**第2步**：将奶油加热至略高于室温，但不高于29℃。如果在微波炉中加热，这需要大约30秒；如果在烤箱中加热，需要使用低火。（图2）

**第3步**：时刻关注奶油的温度，如果温度过高，需要降温至29℃。（图3）

**第4步**：加入1勺酪乳到温奶油中，并搅拌。（图4）

**第5步**：用抹布（或盘子）松松地盖住上述混合物，将其放在室温下静置12~36小时，直到它变得黏稠。然后将其装入封口的容器中，放入冰箱保存，需要时取出。

**第6步**：你可以用香蒜酱或香草与酸奶油混合，制作成蘸酱。（图5）

**第7步**：也可以将酸奶油淋在经过烧烤的蔬菜上，如烤土豆，这样会非常美味。（图6）

 **奇思妙想**

制作烤土豆（实验31），与你的酸奶油一同食用。

在法式酸奶油中加入1勺糖并搅拌，然后涂在水果派上食用（实验37）。

 **科学揭秘**

酪乳由奶油和某些特定细菌混合而成，这些细菌在繁殖期间会产生乳酸。

当奶油放置于室温下，酪乳细菌繁殖时，酸性环境作用于奶油中的蛋白质，使液体变得更稠。乳酸还能赋予奶油浓郁的风味，这是由于细菌产生的其他提味或增香化合物而产生的。

图1：量取奶油。

图2：加热奶油。

图3：冷却奶油。

图4：将酪乳加入温奶油中搅拌。

图5：可以在酸奶油中混入香蒜酱或香草制成蘸酱。

## 实验材料

→ 经巴氏杀菌的全脂奶（或含脂量约2%的牛奶，约1.9升），尽量不选择经超巴氏杀菌处理的牛奶

→ $\frac{1}{4}$杯（约60毫升）浓奶油[①]（可选）

→ 4勺（约60克）含有活性菌的原味酸奶

## 实验工具

→ 厚棉纱布以及用于增稠酸奶的过滤器（可选）

→ 厚锅底的带盖大锅（或平底锅）

→ 中号碗

→ 带有灯的烤箱

→ 加热炉

→ 食品温度计

→ 球形搅打器

# 美味酸奶

| 挑战级别  | 过敏原警告 奶制品 | 时长 约30分钟手工操作，以及6~12小时的繁殖期（发酵期） | 产出结果 约1.9升酸奶 |
|---|---|---|---|

利用烤箱灯的温度发酵出丝滑又有香味的自制酸奶，可直接食用原味酸奶，也可以加入果酱增甜。酸奶是一种爽滑的酸奶油替代品，也是用来制作蘸酱的基底奶油。

本实验根据《纽约时报·美食专栏》中的食谱改编。

图4：混入一些果酱给酸奶增甜。

---

① 可用打发用的淡奶油（脂肪含量不低于30%）替代（编者注）

图1：加热牛奶与奶油。　　　图2：将酸奶搅打进温牛奶中。

图3：可以给酸奶增稠，制成希腊酸奶。　图5：加入黄瓜、新鲜莳萝和盐，制作出美味的蘸酱。

　　酸奶是由某些安全可食用的细菌在温牛奶中生长而产生的。要制作酸奶，必须选择含有活菌的酸奶来启动这一过程。用作原料的酸奶的包装上应标有"含有活性酸奶菌株"字样。

　　加入启动所需的少量酸奶后，立即盖住酸奶，确保不需要的细菌不会趁机而入，在细菌繁殖完成之后要冷藏保存。

## 实验步骤

**第1步：** 用冷水冲洗平底锅，使锅体冷却。

**第2步：** 在平底锅中加入牛奶。如果有，可以倒入 $\frac{1}{4}$ 杯（约60毫升）奶油，并在中高火条件下加热该混合物。

**第3步：** 趁热搅拌牛奶，并不时查看其温度直到变为微沸状态。（图1）

**第4步：** 当牛奶达到82℃-93℃时，关闭加热炉，将锅从热源上移除。

**第5步：** 待牛奶降温至43℃，这样它就不会杀死你稍后加入的启动菌株中的细菌。

**第6步：** 将 $\frac{1}{2}$ 杯（约120毫升）温牛奶加入盛有4勺（约60克）酸奶的碗中，搅打均匀。（图2）

**第7步：** 在不断搅打的过程中，将牛奶/酸奶混合物倒入装有热牛奶的锅中，盖上锅盖。

**第8步：** 将锅放入带有烤灯的烤箱中，放置6-12小时。再将其移到冰箱中冷却至少4小时。酸奶放在烤箱里的时间越长，就会越浓。

**第9步：** 尝尝酸奶。如果你想喝稠一点的酸奶，可以在过滤器中垫上厚棉纱布，再放入碗中，然后用勺子将酸奶舀在纱布上，再冷藏，时不时地用勺子刮一刮纱布，直到达到所需的稠度。（图3）

**第10步：** 享受你自制的酸奶吧！加入一些果酱，配在玉米卷上吃，或是加入黄瓜、莳萝和柠檬汁配成蘸酱。（图4、图5）

 **奇思妙想**

　　用你最喜欢的香草对酸奶调味，再将其淋在烤胡萝卜上（实验30）。

　　在酸奶中加入香蒜酱（实验20），制作出美味的蘸酱，再配着新鲜蔬菜吃。

 **科学揭秘**

　　微生物能创造出最美味的食物，而且科学家发现其中很多对肠道有益。嗜酸乳杆菌等喜好高温的细菌被称为嗜热菌。它们消化牛奶中的糖分，在适宜的温度下迅速生长，并将不需要的细菌排挤出去。

　　当酸奶细菌分解牛奶中的糖分时，它们会产生乳酸，这就让酸奶呈现出一种美味、香甜的味道。牛奶中的蛋白质在酸奶制作过程中被分解成碎片，从而形成胶体（凝胶），这就是酸奶在凝固时变稠的原因。由于牛奶中的蛋白质已经被分解，酸奶也会比牛奶更容易消化。

## 实验材料

→ 新鲜的青刀豆、胡萝卜
→ 8杯（约1.9升）水，尽可能将其过滤
→ 4勺（约75克）无碘盐（如泡菜盐或犹太盐）
→ 莳萝（需仔细清洗，可选）
→ 蒜瓣（可选）

## 实验工具

→ 洁净的带盖玻璃罐（如果有可能的话，在洗碗机中进行消毒工序）
→ 砧板
→ 压蒜器
→ 刀
→ 蔬菜清洗器（可选）
→ 蔬果削皮刀（可选）

| 挑战级别 | 时长 | 产出结果 |
|---|---|---|
|  | 约30分钟手工操作，另需2周用于腌制 | 8杯泡菜 |

**发酵的过程充满乐趣! 在盐水中, 借助于微生物的力量腌制胡萝卜条和青刀豆。**

图6：用另一个稍小的罐子（或饮水杯）进行压重。

## 安全小贴士与注意事项

胡萝卜条并不是很容易切。年幼的儿童只能给胡萝卜削皮，需要由成年人来操作切条。

要避免碘的存在。为了让乳酸发酵顺利进行，需要使用泡菜盐、犹太盐（粗盐）或其他不含碘的盐。

将青刀豆和胡萝卜紧致地压在玻璃罐中，这样它们可以保持在卤水底部进行发酵。这有助于避免霉菌的繁殖。

# 实验步骤

**第1步**：削去胡萝卜皮，将它们切成大约1厘米粗的胡萝卜条。掐去青刀豆的两端。

**第2步**：如果要加大蒜，可以剥几粒蒜瓣，在水中煮30秒。随后加入玻璃罐中，增添一些风味。

**第3步**：用水将所有蔬菜彻底洗净。

**第4步**：掐断青刀豆，修剪胡萝卜条，让它们的尺寸适合放进玻璃罐中，在罐子的顶部留出约6毫米左右的空间。（图1）

**第5步**：将胡萝卜条和青刀豆尽可能紧地塞入罐子中，这样它们可以沉浸在卤水中而不会漂浮起来。这也有助于在收纳这些罐子的时候不会轻易打翻。如果你喜欢别有风味，可以用压蒜器挤压莳萝和大蒜，再将它们放入罐子中。（图2-图4）

**第6步**：将4勺（约75克）盐溶解在8杯（约1.9升）水中，制备出卤水。如果条件允许，可以使用纯净水，不过自来水也没问题。

**第7步**：倒入卤水并没过蔬菜，直至它们完全浸入。在罐子顶部留出大约6毫米的空间。可以使用另一个稍小的罐子压重，让罐内蔬菜完全浸没在卤水中。（图5、图6）

**第8步**：将盖子松松地盖在罐子上，再将罐子置于盘子（或烤盘）上。

**第9步**：将卤水浸泡的蔬菜放置在室温下24小时。观察罐内气泡的形成。

**第10步**：24小时后，打开盖子，让罐子"打个嗝"。再重新盖上盖子，放置24小时。

**第11步**：第二个24小时后，再次通过开盖给罐子放气。将罐子放在纸巾上，存放于冰箱门一侧的食物架上，如此放置一两周的时间。

**第12步**：尝尝这些泡菜。它们应该很咸，还有一点酸味。你可以将它们切开，加到其他食物中，或者直接享用。

**第13步**：将这些味道浓郁的泡菜存放在冰箱里，最多可以放一个月之久。如果它们开始看起来有些发霉或者闻起来变味了，就要把它们扔掉。

 **奇思妙想**

用你制成的泡菜搭配椒盐卷饼面包棒（实验6），做成一道美味的小吃来享用。

 **科学揭秘**

虽说不借助于显微镜我们就看不见细菌，但它们其实遍布在我们身边所有事物的表面。蔬菜也不例外，这样我们才可以借助于蔬菜表面的一些细菌，通过一种被称为"乳酸发酵"的过程制作泡菜。

将蔬菜转变为泡菜的细菌，可以在高浓度盐水的环境下生长，但同样的环境可以杀死大部分有害的细菌。将蔬菜一直浸没在卤水中，可以避免真菌（霉菌）的生长，有助于让某些泡菜细菌保持活力。随着细菌的繁殖，它们会产生乳酸，使得泡菜吃起来有一点酸味。它们也会释放出二氧化碳气体，这也就是为什么你会看到气泡，而且不得不让罐子"打个嗝"。

图1：准备蔬菜。

图2：将蔬菜塞进罐子里。

图3：紧致地压实蔬菜。

图4：加入快速煮过（焯过）的大蒜和香草。

图5：用盐水完全浸没蔬菜。

# 绝妙的蘸酱与美味的酱汁

本单元将带你进入蘸酱与酱汁的旅程。油、醋和芥末，本是混乱不堪而又无法交融的"一潭死水"，却可以神奇般地转变成丝滑的沙拉调味醋，或是制作出主厨茱莉亚·查尔德研制的蛋黄酱。

酱汁给食物带来美味。轻口味的酱汁会提升食物的口感，而重口味的酱汁则可以与食物搭配，起到调和的作用。许多调味品都是通过调制美味的悬浮液以及乳液制成的，所以当你将它们混合起来时，科学总是会扮演重要的角色。

它们的黏度（稠度）决定了它们的流动性有多好，以及各成分搭配起来后形成的稳定风味。

"根据经验，我在品尝一道菜之前就会知晓它的味道。脂肪可以传递风味，食盐可以增强风味，而酸度可以提供平衡性，理解了这些，就会让你营造出更有层次的味道，创造出美味佳肴，还有一种让人垂涎欲滴的感觉，这是我们厨师都想努力实现的方向。"

蒂姆·麦基

（2009年度"詹姆斯·比尔德奖"美国中西部最佳厨师获奖者）

"当我不在学校的时候，我就在家里做实验，有点像个疯狂的科学家。比如说，我会花很多个小时去研究蛋黄酱，尽管没有其他人对此有兴趣，但我却觉得它十分迷人……当我研究结束，我相信，我写下的关于蛋黄酱的文章，比历史上的任何人都要多。"

茱莉亚·查尔德

（《我的法兰西岁月》一书作者）

# 流行的调味醋

## 实验材料

→ 1勺（约11克）第戎芥末
（好芥末才能做出好的调味醋）

→ 1勺（约15毫升）醋（选择你最喜欢的品种）或柠檬汁

→ 3勺（约45毫升）淡橄榄油（或植物油）

## 实验工具

→ 叉子（或球形搅打器）

→ 小碗

## 安全提示与注意事项

选择你最喜欢的醋制作成调味醋。米醋或苹果醋通常会比红酒醋或白酒醋更温和。雪利酒醋②是我们家里的最爱。

如果你更喜欢柠檬汁，那么鲜榨果汁是最好的选择！不喜欢芥末？那就试试用1勺（约15毫升）柠檬汁与3勺（约45毫升）植物油混合，然后再用盐和胡椒调味。

| 挑战级别 | 时长 | 产出结果 |
|---|---|---|
| 🍳 | 15分钟 | 5勺（约75毫升）调味醋 |

**加点你自制的香浓调味醋，做出最好吃的沙拉吧！**

图4：尝一尝调味醋。

① 第戎（Dijon）指的是一种制作芥末酱的方法，起源于法国第戎地区（编者注）

② 酒泛指含有酒精的饮料，一般是由葡萄糖发酵得到，很多谷物或水果都可以用来酿酒，如果发酵过度，酒精会发生氧化得到醋酸，因此，酒和醋实则是发酵食品的两个阶段（译者注）

图1：在小碗中加入芥末与醋。

图2：搅打芥末与醋。

图3：在植物油中进行搅拌，直到形成乳液。

图5：用自制的调味醋给最喜欢的沙拉调味。

## 实验步骤

**第1步**：将芥末与醋（或柠檬汁）在碗中混合起来。（图1）

**第2步**：搅打混合物直到完全混匀。（图2）

**第3步**：将油一点点滴入芥末和醋的混合物里，同时不断搅打。

**第4步**：用力搅拌混合物，直到在油和醋之间形成一层黏稠的乳液，并泛有微光。（图3）

**第5步**：品尝上述调料。如果对你的味觉来说，醋味有些过浓，可以在加入1勺植物油后再次品尝。（图4）

**第6步**：如果无法形成乳液，静置上述混合物数分钟，然后加入几滴温水，再次尝试。

**第7步**：用调味醋给你最喜欢的沙拉、三明治或蔬菜调味。（图5）

## 奇思妙想

试着用手搅打出另一种乳液——令人惊叹的蒜泥蛋黄酱（实验16）。

根据你想要与沙拉搭配的风味，用不同的醋和植物油制作出不同的调味醋。

## 科学揭秘

调味醋是植物油与醋或柠檬汁这样的弱酸形成的乳液。乳液是由两种通常不能互溶的物质构成的简单混合物，比如水和油的混合。

在乳液中，一种类型的分子，包围着另一类分子的个体或小群体。想象一下，化学物质就像在玩"编玫瑰花环"游戏那样①，圈子中央的孩子不愿意待在那里，这样你就会想明白了。如果加入一种被称为表面活性剂的介质，介入不相溶的分子之间，可以有利于混合物的稳定。

在这种调味醋中，芥末中的蛋白质就扮演了表面活性剂的角色。醋或柠檬汁给混合物增添了一点酸味，芥末中的盐则让口味变得更棒！

① 编玫瑰花环（ring-around-the-rosy）是一首流行于欧美的儿歌，通常会在玩游戏的时候演唱，游戏的玩法是：孩子们围成一圈，另有一名孩子站立在圈中央，儿歌开始后大家开始转圈模拟编花环的过程，唱到最后一句时集体蹲下，蹲得最慢的一名孩子替换中央的孩子，因为站在中央意味着输掉游戏，故有文中的"不愿意"一说（译者注）

## 实验材料

→ 1颗大鸡蛋

→ 2勺（约10毫升）柠檬汁

→ 1勺（约5毫升）第戎芥末

→ $\frac{1}{4}$ 勺（约1.25毫升）犹太盐
（粗盐）

→ 1勺（约5毫升）冷水

→ $\frac{1}{2}$ 杯（约120毫升）橄榄油
（或中性油，如红花籽油
或加拿大菜油）

→ 用于调味的辣酱（可选）

→ 用于调味的大蒜（可选）

→ 切碎的香草，用于调味
（可选）

## 实验工具

→ 玻璃杯（或不锈钢圆底搅
拌碗）

→ 用于煮蛋的小平底锅

→ 球形搅打器

→ 食品温度计

| 挑战级别 | 过敏原警告 | 时长 | 产出结果 |
|---|---|---|---|
| 🍄🍄 | 鸡蛋 | 如果要煮蛋，需要约30分钟；<br>如果直接使用生鸡蛋，需要约10分钟 | $\frac{2}{3}$ 杯（约150克）<br>蒜泥蛋黄酱 |

"蒜泥蛋黄酱"（Aioli）这个词原本指的是一种地中海风味的乳液，由橄榄油和大蒜制作而成，但今天人们却用这个词来指代从大蒜到是拉差辣酱[①]调味的蛋黄酱。用自制的蛋黄酱作为自己定制调味品或蘸酱的基底，既有趣又美味。

本实验根据茉莉亚·查尔德的蛋黄酱食谱改编。

图6：混入大蒜、香草或辣酱。

---

[①] 是拉差辣酱（Sriracha）是美国餐桌上最常见的一种辣椒酱，因包装上有着雄鸡商标，也被叫做红公鸡辣椒酱
（译者注）

图1：煮鸡蛋。

图2：在冰水中短暂降温。

图3：混入柠檬汁、芥末和盐。

图4：一边搅打一边混入食用油。

图5：一直搅打直至黏稠。

第7步：（可选）用大蒜、香草或你最喜欢的辣酱与蛋黄酱混合，制作出蘸酱或抹酱。（图6）

## 安全提示与注意事项

在实验开始之前，所有材料都需要放在室温条件下。

建议煮一煮鸡蛋（见实验步骤），这样可以杀死可能存在的细菌，但是蛋黄酱也可以用生鸡蛋制作。大个鸡蛋煮3分钟，超大个鸡蛋煮5分钟。

## 实验步骤

**第1步**：煮一些鸡蛋。在平底锅中倒入水，将水加热至60℃，将其从加热炉上移除。如果水的温度高于60℃，就等待至所需的温度。根据鸡蛋的大小，将鸡蛋放入60℃的水中煮3—5分钟。（图1）将它们移到装有冰水的碗中放置3分钟。（图2）随后将鸡蛋从冰水中取出，放入一碗室温的水中再浸泡几分钟。

**第2步**：用热水给搅拌碗加热并擦干，将蛋黄打入搅拌碗中。

**第3步**：搅打蛋黄2分钟。

**第4步**：加入柠檬汁、芥末、盐和1勺（约5毫升）冷水，将所有原料搅打在一起，直至打出泡沫。（图3）

**第5步**：持续搅打，慢慢地将植物油滴入其中，直到蛋黄酱开始变稠，植物油也被打入其中。（图4）

**第6步**：当蛋黄酱乳化变稠时，可以在加入植物油时形成细流倒入，而不再是一滴滴地加入。（图5）

## 奇思妙想

将自制的香蒜酱（实验20）加入你的蛋黄酱中，让它充满罗勒和大蒜的刺激气味。

## 科学揭秘

偶像级的厨师兼烹饪菜谱作家——茱莉亚·查尔德自称是一位疯狂的科学家，她在厨房里做了大量的实验，花了很多时间去研究蛋黄酱。

她发现，当使用室温的食材时，乳化效果最好，在加入食用油前要将蛋黄搅打1—2分钟，而且开始加入油的时候要非常小心地逐滴滴入。关于乳液，更多的信息可参考实验15。

巴氏杀菌是一种利用热量杀菌的方法。在60℃条件下加热鸡蛋3分钟，可以杀死可能存在的细菌，但不会使鸡蛋的蛋白质凝固。

# 本应天上有的鹰嘴豆泥

## 实验材料

→ 2杯（约480克）鹰嘴豆罐头

→ 2勺（约28毫升）冰水，如有必要可多准备一些

→ 1颗柠檬

→ 1瓣蒜，切成蒜末儿

→ 1茶匙（约4.5克）犹太盐（粗盐）

→ $\frac{1}{2}$杯（约120克）芝麻酱

→ 橄榄油（可选）

## 实验工具

→ 食物料理机（或搅拌机）

→ 榨汁机（或柑橘榨汁机）

---

① 皮塔饼（Pita chips）是希腊及中东地区的一种食物，面饼在烘焙时会鼓起，从中切开后可以放入蔬菜、火腿等馅料，类似于中国的鸡蛋灌饼（译者注）

| 挑战级别 | 时长 | 产出结果 |
|---|---|---|
| ♟♟ | 约20分钟 | $2\frac{1}{2}$杯（约625克）鹰嘴豆泥 |

**不管是抹在皮塔饼①还是胡萝卜条上，鹰嘴豆泥都会带来美味。这种用途广泛的高蛋白酱起源于中东，在家中用鹰嘴豆罐头制作起来非常简单快捷。**

本实验根据尤塔姆·奥托林吉和萨米·塔米米创作的《耶路撒冷：食谱》中的内容改编。

图5：用鹰嘴豆泥搭配蔬菜和皮塔饼（或薯条）一同食用。

图1：榨柠檬汁。

图2：在食物料理机（或搅拌机）中加入各种材料。

图3：将混合物打成膏状。　　图4：品尝并调味。

　　用食物料理机来加工鹰嘴豆泥是最合适的，但使用搅拌机的话也没问题。

　　食物料理机的刀片非常锋利，建议儿童操作时有成年人在旁照看。

## 实验步骤

**第1步**：将柠檬榨汁。（图1）

**第2步**：向食物料理机（或搅拌机）中加入鹰嘴豆、大蒜、柠檬汁和芝麻酱。（图2）

**第3步**：搅拌成黏稠的酱汁。（图3）

**第4步**：加入冰水，继续搅拌直至混合物变得像奶油般丝滑。尝一尝，如有必要，加入盐分。（图4）

**第5步**：滴入橄榄油（可选），涂在皮塔饼、皮塔面包条、薯条或新鲜蔬菜上食用。也可以将鹰嘴豆泥作为主菜，或是垫在肉丸或羊肉下食用。（图5）

## 奇思妙想

　　用搅碎的羊肉或火鸡肉与地中海调味料一同制作肉丸（实验28），再搭配鹰嘴豆泥一起食用。

## 科学揭秘

　　"糊化"（pureed）这个词的意思是指"精炼"，而像鹰嘴豆泥这样的糊化食物，通常是由煮过的水果、蔬菜或豆子经捣碎、混合或碾磨后制成的。

　　对一些人来说，糊化食物变得更容易食用，科学家们正在研究，搅碎的食物是如何改变你的消化方式的。他们发现，将鹰嘴豆纤维这样的膳食纤维磨碎，并不会影响它的健康价值，所以，放心品味你的鹰嘴豆泥吧。

# 让嘴唇打颤的阿尔弗雷多酱

## 实验材料

→ 4勺（约55克）黄油

→ 1杯（约235毫升）浓奶油①

→ 1杯（约100克）磨碎的帕玛森干酪②，轻度包装，可多准备一些用以增稠酱料佐餐

→ 盐

→ 胡椒

→ 1瓣蒜（可选）

## 实验工具

→ 奶酪磨碎机

→ 刀

→ 大平底锅（或煎锅）

→ 搅拌勺

→ 加热炉

---

① 可用可打发的淡奶油（脂肪含量不低于30%）替代（编者注）

② 帕玛森干酪（Parmesan cheese），原本是产自意大利帕尔马地区的一种奶酪，素有"奶酪之王"美誉；可以直接采购卡夫芝士粉（巴马干酪粉）用于本实验（编者注）

| 挑战级别 | 过敏警告 奶制品 | 时长 约15分钟 | 产出结果 2杯酱料 |
|---|---|---|---|

这种不含鸡蛋的经典配方，用来给意大利面抹上一层奶油的浓汁是最完美不过了，就算是最挑剔的食客也会为之折服。与蔬菜搭配，蛋白质会创造出一顿让人垂涎欲滴的餐食。

图4：阿尔弗雷多酱③可以单独使用，也可以和其他意大利面的酱料搭配使用。

---

③ 阿尔弗雷多酱是一种经典的意大利面酱，以奶油为主，据说是20世纪初由罗马一位叫阿尔弗雷多的餐厅老板发明的，因其浓郁的奶香超过传统的意面酱，在美国非常流行（译者注）

图1：在熔化的黄油中加入奶油。

图2：做出通心粉。

图3：用通心粉搭配酱料，招待你的朋友们。

图5：还可以加入鸡肉或蔬菜，做出一顿丰富的正餐。

## 安全提示与注意事项

优质的帕玛森干酪，可以制作出最好的阿尔弗雷多酱。

如果需要淡一点的酱料，可以加入更多的奶油。要想酱料更浓一些的话，就丢进去更多的帕玛森干酪。

## 实验步骤

**第1步：**将帕玛森干酪磨碎。

**第2步：**如果需要大蒜，将其切成蒜末儿后使用。

**第3步：**在大平底锅里将黄油煮化。如果准备了大蒜，将它放入黄油中，调至中火煮上2分钟。不必等到大蒜变成棕色，这样最终的酱料会有更好的味道。

**第4步：**在黄油中加入奶油，搅拌。（图1）

**第5步：**加入磨碎的帕玛森干酪，在中低火下搅拌数分钟，直至酱料变得丝滑。

**第6步：**尝尝酱料。如果你需要更淡一些，就加入更多的奶油。要想更浓一些，就加入更多的碎干酪。加入盐和胡椒进行调味，然后品尝。

**第7步：**可以用酱料搭配通心粉直接食用，或加入鸡肉和蔬菜丰富口感。（图2-图5）

## 奇思妙想

翻炒或蒸一些蔬菜（实验30）与阿尔弗雷多酱一起食用，还可以制作沙拉（实验32）作为配菜。

## 科学揭秘

当酱料搅动起来不那么容易时，说明它已经变得更黏稠。

用来增稠酱料的最佳方法有以下几种：

· 在酱料中溶解固体，如玉米淀粉或一种叫油面酱的面粉/黄油混合物

· 冷却酱汁，以减缓分子的运动

· 制成乳液，将水和脂肪球混合在一起

· 加入大量不会完全溶解却会干扰运动的食物，如香草或硬奶酪

在本实验的步骤中，用黄油和奶油中乳化的脂肪，制作出了黏稠的酱料，并且在煮的过程中使其变得更稠。加入大量帕玛森干酪的话，会给酱料带来更多的风味，同时也让其变得更加黏稠。

# 豪华的番茄酱

## 实验材料

→ 5勺（约70克）黄油

→ 番茄罐头（约800克），装有去皮的完整番茄

→ 1头洋葱（或黄洋葱、白洋葱、甜洋葱，皆可）

→ 盐

→ 罗勒叶，用于调味

## 实验工具

→ 搅拌器（或手持式搅拌器，可选）

→ 菜刀

→ 大号平底锅

→ 勺子

→ 加热炉

## 安全提示与注意事项

如果你喜欢品味大块的番茄，那么可以跳过搅拌这一步。

使用任何品种的番茄罐头制作这种酱都会有不错的结果，不过我的最爱是圣马扎诺（San Marzano，意大利的番茄品种）。要使用完整的去皮番茄，并且不加糖或玉米糖浆，可以得到最好的结果。

| 挑战级别  | 过敏原警告 奶制品 | 时长 约1小时 | 产出结果 2杯（约490克）番茄酱 |
|---|---|---|---|

通过这个简单的番茄酱，美食作家马赛拉·哈赞创造出了酸味与黄油脂肪的完美搭配。只要一口，就可以征服你的心灵，还有味蕾。

本实验根据马赛拉·哈赞的食谱改编。

图4：不盖锅盖，煮番茄酱。

# 实验步骤

**第1步**：将洋葱从中间切开，先保留尾端，使两部分依然相连。去皮。（图1，图2）

**第2步**：在平底锅里放入黄油，用中火煮化。

**第3步**：在锅里加入番茄和一切为二的洋葱，同时加入少许食盐。（图3）

**第4步**：不盖锅盖，加热45分钟左右。（图4）

**第5步**：用勺子压碎番茄，搅拌番茄酱并品尝，有必要的话再加入少许盐。将洋葱取出。

**第6步**：用长柄勺将酱汁盛入搅拌器（或手持式搅拌器）中，将其搅成酱泥。（图5）

**第7步**：把酱汁浇在你最喜欢的意大利面上，与你的朋友分享这一美食。（图6）

## ☀ 奇思妙想

制作一些手工意大利面（实验22）与你的番茄酱搭配，或是将番茄酱抹在比萨饼（实验24）上。

## 💡 科学揭秘

番茄是茄科植物的成员之一，除了番茄，这一科的植物还有茄子，以及致命的颠茄等。幸运的是，番茄拿来食用是绝对安全的，而且富含一些对你很有好处的化学物质，包括维生素和生物色素——番茄红素，后者让番茄拥有了鲜艳的红色。

除了好看与营养，番茄还能通过给食物增添酸味与甜味，帮助实现美味的平衡。酸、甜、苦、咸、鲜，只有按照正确的比例搭配，才能实现五味调和。在番茄中加入一点盐，就可以实现味觉的三重奏。若是再加入一些黄油，就能创作出大师级的美食杰作。

图1：切开洋葱。

图2：除去洋葱外皮。

图3：加入番茄罐头里的去皮完整番茄。

图5：将番茄酱搅成酱泥。

图6：把酱汁浇在意大利面上。

# 无坚果香蒜酱

| 挑战级别 | 时长 | 产出结果 |
|---|---|---|
| 🍳 | 约15分钟 | 2杯（约470毫升）香蒜酱 |

香气爆炸！用新鲜罗勒叶打成的青翠酱汁，可以令从炸薯条到蝴蝶结意大利面的各种食物变得更加美味。在试过罗勒之后，还可以尝试你喜欢的其他香草，制作出最合口味的混合物。

## 实验材料

→ 4杯（约120克）轻轻放满的新鲜罗勒叶（也可以选择香草）

→ 1杯（约100克）新鲜的帕玛森奶酪（也可以选择脱水的帕玛森干酪，但是刚切碎的更好）

→ 1杯（约235毫升）橄榄油

→ 1瓣新鲜的蒜头，切成蒜末儿（可选）

## 实验工具

→ 搅拌机（或食物料理机）

### 安全提示与注意事项

注意不要让搅拌机空转，要时不时地停止搅拌，用木勺将香草叶压下去。

图5：拌在你最喜欢的意大利面上。

## 实验步骤

**第1步**：仔细洗净罗勒叶，轻轻拍打，将水甩干。（图1）

**第2步**：将大蒜、罗勒叶、帕尔玛奶酪与橄榄油加入搅拌机（或食物料理机）中。（图2）

**第3步**：搅拌，直至混合物变得均匀。期间需要停下来几次，用木勺将罗勒叶压下去。（图3、图4）

**第4步**：可以将香蒜酱当作蘸料使用，或是用作比萨酱或意大利面酱。（图5、图6）

**第5步**：冷藏储存，或将香蒜酱置于冰盒中冷冻，以便将来再用。

 ## 奇思妙想

　　自己制作意大利面（实验22）或比萨饼（实验24），搭配香蒜酱食用。

　　可以通过搅拌别的香草制作出其他绿色的酱料，如阿根廷辣酱。也可以选择一种气味强烈的香草（如罗勒、薄荷或莳萝）与一种气味温和的香草（如欧芹、细香葱）搭配。还可以通过手工切碎香草，调节这种绿色酱料的口感。

 ## 科学揭秘

　　搅拌罗勒叶和大蒜的时候会破坏它们的细胞，从而释放出令人称奇的气味，给各种美食带来活力。食用油可以保护罗勒叶，使其不与氧气接触，保持鲜艳而明亮的绿色。

　　大蒜与百合的关系不远，属于百合科葱属植物。这一科的很多成员都含有一种叫"硫"的元素。打碎大蒜的细胞并混合，会让一种被称为"酶"的化学"剪刀手"与大蒜中的其他化学物质发生作用，从而释放出特殊的气味，大多数人都会将此气味与大蒜联系起来。

图1：洗净罗勒叶。

图2：在搅拌机中加入各种原料。

图3：用木勺将罗勒叶压下去。

图4：不断搅拌直至均匀。

图6：享用你的美味酱料。

# 最好的黄油白沙司

## 实验材料

**茱莉亚·查尔德的版本**

→ $\frac{1}{4}$ 杯（约60毫升）白葡萄酒醋

→ $\frac{1}{4}$ 杯（约60毫升）干白葡萄酒

→ 1勺（约10克）切碎的葱末儿（可选）

→ 2块（约225克）冷冻黄油（不是熔化后的清黄油）

→ 盐

→ 胡椒

**不含酒精的版本**

→ $\frac{1}{4}$ 杯（约60毫升）白葡萄酒醋

→ $\frac{1}{4}$ 杯（约60毫升）奶油（打发用的淡奶油）

→ 1勺（约10克）切碎的葱末儿（可选）

→ 1块（约112克）冷冻黄油（不是熔化后的清黄油）

→ 盐

→ 白胡椒

**可选用的其他材料**

→ 用于烧烤的蔬菜

→ 橄榄油

## 实验工具

→ 中号（或大号）平底煎锅   → 加热炉（或烤炉）

→ 搅拌勺   → 球形搅打器

| 挑战级别 | 过敏原警告 | 时长 | 产出结果 |
|---|---|---|---|
|  | 奶制品 | 约10分钟 | 1杯（约240克）黄油白沙司 |

在一次晚餐聚会上，茱莉亚·查尔德学会了这道经典的法式酱料的做法。它融合了黄油、葡萄酒和醋，创造出了一款梦幻般的蘸料，让蔬菜、鸡肉或鱼呈现出最好的味道。

本实验根据《茱莉亚与杰奎斯的在家烹饪食谱》中的内容改编。

图5：搭配鱼、鸡肉或甜玉米一同食用。

图1：在蔬菜上涂上橄榄油。　图2：烤制蔬菜，与酱料搭配食用。　图3：将黄油切成小片。　图4：加热收汁，加入黄油。　图6：黄油白沙司与米饭或蔬菜搭配也很美味。

## 安全提示与注意事项

烹饪的时候，葡萄酒中的酒精会挥发出来。如果不喜欢这种味道，可以选择不含酒精的版本。

## 实验步骤

**第1步：** 如果你要同时制作搭配酱料食用的蔬菜食物，先在蔬菜上涂上橄榄油。（图1）

**第2步：** 在制作酱料的同时，烧烤蔬菜（实验30）。（图2）

**第3步：** 将黄油切成16片。（图3）

**第4步：** 将葡萄酒（如果需要的话）和醋加入中号（或大号）的平底煎锅中。

**第5步：** 将葱末儿（如果需要的话）加到上述混合液中。

**第6步：** 加热，使液体因挥发而减少（即中餐常说的"收汁"），直到表面出现糖浆状的釉面之后，从热源上移除。

**第7步：** 往锅中直接搅入2块冷冻黄油切成的黄油片。如果你制作的是不含酒精的版本，那么在此处应加入的是奶油。

**第8步：** 将平底锅重新放回加热炉上，采用低火加热，一次加入一片黄油并持续搅拌，在前一块黄油熔化之后，再加入新的黄油。（图4）

**第9步：** 在最后一片黄油熔化后，关掉热源并品尝酱料，加入盐和胡椒进行调味。

**第10步：** 搭配鱼、鸡肉或甜玉米食用。（图5）

**第11步：** 黄油白沙司与蔬菜或米饭搭配，也是很美味的。（图6）

## 奇思妙想

把黄油白沙司抹在家常的意大利面（实验22）上，或是涂在烤土豆片（实验31）上。

## 科学揭秘

乳液是液滴悬浮在液体中的一种混合物，它们通常不会相互融合。当这些液滴与另一种叫作"乳化剂"的物质结合时，就会变得稳定，并保持更均匀的混合状态。

黄油白沙司是黄油与酒的乳液。牛奶中的固体物质充当了乳化剂，让黄油脂肪微球可以悬浮在混合物中。如果酱汁温度太高，黄油脂肪会从混合物中分离，乳液便会发生"破乳"，只留下一堆残渣。

在加入冷冻黄油的时候，可以让温度先降下来，这样就可以将大量黄油送入乳液中，但又不会因此发生破乳现象。

単元
**5**

# 惊艳的主菜

**主菜的盘子里，盛满了各式各样的科学。**

    肉丸是一种常见又可口的蛋白质食物，学会正确地料理它们非常重要。一支普通的食品温度计就可以成为你的魔法棒。

    手工制作的意大利面和比萨饼，从面粉的谷蛋白那里获取了漂亮的纹理；制作舒芙蕾和蛋奶酥需要钻研鸡蛋的学问；而当你把脆脆的米纸①打湿之后，它就成了拥有惊人弹性的包装纸。

    一旦熟练掌握了这些主要课程的基础，你就能利用自己创造性的才华，给它们灌入属于你的独特风格。

"优秀的厨艺充满着艺术，优秀的厨艺充满了科学。至于伟大的厨艺，是两者的结合，这也是为什么说，创意构思与科学原则是创造出最佳美食的关键因素。这些科学对于年轻厨师而言至关重要，因为每个人都可以学会它。从科学原则的机制方面去理解食物，必须要优先于艺术创意，除非你是百万里挑一的厨师界毕加索。"

安德鲁·齐默恩
（主厨、旅行家、电视主持人）

---

① 一种糯米制成的烘焙纸，可食用（译者注）

# 自制意大利面

## 实验材料

→ 2颗大鸡蛋

→ 2杯（约250克）通用面粉，（需要搓揉、辊压，并切成面条状）

→ 3勺（约45毫升）水，有必要的话再多加3勺（约45毫升）

## 实验工具

→ 保鲜膜（或洁净的厨房抹布）

→ 平板（如大号的木质砧板，用于揉面团）

→ 叉子

→ 刀

→ 大碗

→ 擀面机（或擀面杖和切面刀）

→ 加热炉

## 安全提示与注意事项

用擀面机可以制作出更薄的面条，手工擀面可以擀出较厚但是更可口的面条，当然后者会需要煮得更久一些。

| 挑战程度 | 过敏原警告 | 时长 | 产出结果 |
|---|---|---|---|
| ♟♟♟ | 鸡蛋、面粉 | 约45分钟 | 4杯（约560克）煮熟的意大利面 |

很少有什么事情比用你最喜欢的酱料浇在新鲜的意大利面条上更令人满足了。擀面机用于制作薄而均匀的面条是最适合不过的，但如果你没有一台这样的机器，用擀面杖和切面刀也可以做到。

本实验根据《日落面食烹饪手册》中的内容改编。

图5：在足量煮沸的盐水中煮意大利面。

图1：在面粉中挖出槽，将鸡蛋打入其中。

图2：搅拌面团。

图3：揉面团。

图4：将面团擀成薄片，再切成面条。

图6：滴入一些橄榄油，或与你最喜欢的酱料搭配食用。

## 实验步骤

**第1步：** 在大碗中加入2杯（约250克）面粉，聚成一堆。

**第2步：** 在面粉堆中心挖出一个槽。

**第3步：** 将鸡蛋打入刚才挖出的槽中，用叉子搅拌均匀。（图1）

**第4步：** 将2勺（约30毫升）水搅入鸡蛋中。

**第5步：** 开始将面粉揉入鸡蛋混合物中。

**第6步：** 加入另外1勺（约15毫升）水，继续搅拌。（图2）

**第7步：** 当面团变得太硬以至于用叉子搅拌不开时，停止搅拌，用手将面团揉成球状。

**第8步：** 在操作台面上撒一点面粉，在上面揉面团，持续几分钟。（图3）

**第9步：** 将面团放在碗中，盖上保鲜膜（或湿抹布）。放置半小时。

**第10步：** 将面团切成四块。用擀面机（或擀面杖）将每一部分都擀成薄片。如果用擀面机，开始先设置成最厚，然后转到更薄的设置，直到满足你所需的厚度为止。

**第11步：** 将面片切成细条状（也可以不切细，做成宽面条）。（图4）

**第12步：** 将做好的意大利面条置于洁净的抹布上，并挂在椅背上，防止它们粘起来。

**第13步：** 在煮沸的盐水中烹调意大利面，直至其变软，搭配你最喜欢的酱料食用。（图5、图6）

## 奇思妙想

与自制的番茄酱（实验19）或香蒜酱（实验20）搭配，享用你的意大利面。

制作奶豆腐（实验11），铺在自制的宽面条上。

## 科学揭秘

大多数意大利面在进入市场销售前都会先进行干燥以便于保存。新鲜的意大利面含有更多的水分，但它同时也含有一些未被煮熟的面粉和鸡蛋，所以必须跟干燥的意大利面一样充分煮熟。

理想地说，约115克意大利面应当在至少4杯（约1升）盐水中煮熟，直至它不再是弹性的橡胶状但也还没变成糊状。完美的意大利面可以说是弹牙的，或者说是吃起来像生的。一种叫作"谷蛋白"的小麦蛋白质给了意大利面如此有嚼头的质地。

在煮过之后，意大利面应当先滤干，再简单地过一遍热水，以便除去使其粘在一起的淀粉质。

# 完美的空心松饼

## 实验材料

→ 2颗新鲜鸡蛋（室温条件）
→ 1杯（约235毫升）全脂牛奶
→ 1勺（约15毫升）熔化的黄油
→ 通用面粉（约100克）
→ $\frac{1}{2}$ 茶匙（约2.25克）盐
→ 喷雾油（或植物油、黄油）

## 实验工具

→ 碗
→ 烤箱
→ 麦芬蛋糕烤盘
→ 球形搅打器

## 安全提示与注意事项

你可能需要将实验规模翻倍，因为每个人都喜欢这种空心松饼。

托盘使用前要进行预热。不要在麦芬蛋糕烤盘的格子中填充至半满以上。

保持烤箱门关闭，直至松饼烤制完成。

| 挑战级别 | 过敏原警告 | 时长 | 产出结果 |
|---|---|---|---|
| 🎩🎩🎩 | 奶制品、鸡蛋、小麦 | 约2小时 | 6个大松饼或12个小松饼 |

这些美味的松饼在烘烤时伴随着蒸汽会像气球般膨胀，涂上黄油和蜂蜜，或是你最喜欢的果酱，品尝时会带来天堂般的美味。

本实验来自我朋友玛丽·沃纳的食谱。

图5：趁热搭配黄油和蜂蜜食用。

## 实验步骤

**第1步**：用植物油（黄油或喷雾油）轻轻地覆盖麦芬蛋糕烤盘。

**第2步**：将鸡蛋打在碗中。把鸡蛋和牛奶打在一起。（图1）

**第3步**：将1勺熔化的黄油搅打入其中。

图1：将鸡蛋打入碗中。

图2：将干材料都打入鸡蛋和牛奶的混合物中。

图3：将糊状物填入烤盘的格子中，直至半满。

图4：降低温度烘焙，直至呈现金褐色。

**第4步**：在另一个碗中，将面粉和盐混合均匀，然后将它们搅入鸡蛋、牛奶和黄油的混合物中。（图2）

**第5步**：将混合物置于室温下大约1小时。

**第6步**：将烤箱预热至220℃。

**第7步**：将空烤盘放入烤箱中，加热5分钟。

**第8步**：在已预热的烤盘格子中放入上述糊状混合物，每个格子填至半满。（图3）

**第9步**：托盘放入烤箱的中间层，在220℃下烘焙10分钟。

**第10步**：降低烤箱的温度至190℃，持续烘焙直至出现金褐色。这个时间取决于烤盘的大小，可能需要继续烘焙25–35分钟。（图4）

**第11步**：将空心松饼从烤盘中取出，趁热配上黄油和蜂蜜（或果酱）即可食用。（图5）

## 奇思妙想

　　用自制的酸奶（实验13）和果酱与空心松饼搭配，做一顿可口的早餐。

## 科学揭秘

　　由大约等量的面粉与液体配成的松饼糊状物，被称为蛋糕糊。

　　面粉和鸡蛋在糊状物中均具有弹性。在面粉中加入水后加热，高弹性的谷蛋白和淀粉就会制造出结构网络。鸡蛋清中的蛋白质为糊状物提供了更多的弹性。盐有助于面粉吸收牛奶和鸡蛋中的水分，也能够给松饼提味。

　　当烤盘放入到热烤箱中后，糊状物中的水分会挥发，并被面粉和鸡蛋蛋白质构成的结构网络困住，于是松饼就像气球一样膨胀起来。在烘焙过程中将加热调低，可以让蛋白质和淀粉不可逆地固定在适当的位置，从而创造出内部中空的美味松饼，它非常适合用来填充黄油和蜂蜜后享用。

# 自制比萨面饼

## 实验材料

→ 1杯（约235毫升）温水（不要太烫）

→ 2茶匙（约9克）酵母（如果更喜欢薄一些的面饼，就只需要1茶匙）

→ 3杯（约375克）通用面粉，另外再备1杯（约125克）用于揉面

→ 1茶匙（约4.5克）盐

→ 1勺（约15毫升）食用油（如橄榄油）

## 实验工具

→ 烤盘（或比萨板、比萨大小的烧烤盘）

→ 平板（如大号的木质砧板，用于揉面）

→ 大碗

→ 搅拌勺

→ 烤箱（或烤炉）

→ 保鲜膜（或厨房毛巾）

| 挑战级别  | 过敏原警告 | 时长 | 产出结果 |
|---|---|---|---|
| | 小麦 | 约1小时 | 用于1张大号比萨或3–4张小号比萨的面饼 |

在我家里，比萨是一种每位成员都会接受的食物。将烤炉点上火，或是打开烤箱，就可以制作出令人垂涎的私人定制比萨，带有自制面饼的独特口感。

图5：自制比萨。

只加入1茶匙而非2茶匙酵母的话，得到的将是不那么松软的比萨面饼。

在加入含水量较大的食材前，如大量新鲜的番茄酱或是额外的酱料，需要预先烘焙面饼5分钟。

## 实验步骤

**第1步**：在1杯（约235毫升）温水中加入2茶匙（约9克）酵母，静置5分钟。

**第2步**：在大碗中，将3杯面粉（约375克）和盐（约4.5克）混合均匀，然后将食用油和酵母混合物搅拌其中，制作成面饼。

**第3步**：简单地揉成面团，然后再放回碗中。在碗上覆盖保鲜膜（或湿毛巾），发面半小时。（图1）

**第4步**：将面团擀薄，放入烤箱（或烤炉）中，预热至200℃。（图2）

**第5步**：摊平面团并拉伸。（图3）

**第6步**：在面饼上加入你的配菜，再次放入烤箱（或烤炉）中烘焙。（图4）

**第7步**：品尝你的比萨吧！（图5、图6）

## 奇思妙想

制作番茄酱（实验19）、莫泽雷勒干酪（实验10）或香蒜酱（实验20），浇在比萨面饼上再食用。

图1：揉面团，并使之发起来。

图2：将面团擀薄，用来制作比萨面饼。

图4：加上配菜，在烤箱（或烤炉）中烘焙。

图3：将面团摊平并拉伸。

图6：享用比萨吧！

## 科学揭秘

要想制作出有嚼头而又美味的面饼，小麦蛋白是其中的奥秘。

当小麦面粉中的颗粒被加入水中并搅拌时，蛋白质会形成一种特殊的弹性复合物，被称之为"谷蛋白"。谷蛋白会吸收大量的水，而在揉面团时，会让谷蛋白复合物能够接触到更多的谷蛋白，从而形成超级长的弹性结构。

这些谷蛋白"长丝"，让比萨变得有嚼劲，而且能够超常地锁住气泡。在真正优质的比萨面饼中，你经常会看到有大个的气泡。

糖能够妨碍谷蛋白的作用，因此经常会被加入到面团中，以制作出更柔软的面饼。

# 膨胀的舒芙蕾

| 挑战级别 | 过敏原警告 | 时长 | 产出结果 |
|---|---|---|---|
| ♦♦♦ | 奶制品、鸡蛋 | 约1小时，包括烘焙时间 | 1个大舒芙蕾或4-6个小舒芙蕾 |

**舒芙蕾总是出现在电视和电影的桥段中，是一种松软的法式蛋糕美食，做起来异常简单，却又很美味。**

本实验根据《纽约时报·美食版块》中的内容改编。

图6：舒芙蕾应当胀到烤碗的边缘以外。

## 实验材料

→ 1½杯（约355毫升）牛奶（全脂（或含脂量1%-2%）

→ 3勺（约42克）黄油，另备1勺（约14克）用来给舒芙蕾的烤碗涂油

→ ⅓杯磨碎的帕玛森干酪①，松松地堆放

→ 1杯（约120克）格鲁耶尔干酪②，松松地堆放

→ 4勺（约31克）筛过的通用面粉

→ ½茶匙（约2.25克）盐，另需多准备一些备用

→ ¼茶匙（约1.13克）白胡椒粉（可选）

→ 6颗鸡蛋黄

→ 7颗鸡蛋清

→ ⅛茶匙（约0.56克）塔塔粉

→ 2勺（约20克）切碎的红葱（可选）

---

① 可直接采购卡夫芝士粉（巴马干酪粉）使用（编者注）

② 格鲁耶尔奶酪（Gruyère cheese）是原产于瑞士阿尔卑斯山区的一种奶酪，因最佳产地的村庄名叫格鲁耶尔故而得名，也常被翻译成"古老也奶酪"，以香味浓郁而闻名（译者注）

## 实验工具

→ 1个大号舒芙蕾烤碗或4-6个小号烤碗

→ 电动（或手动）打发器

→ 中号（或大号）碗

→ 烤箱

→ 可覆盖大碗的过滤装置

→ 搅拌器

## 安全提示与注意事项

要注意不能过分打发鸡蛋清，把它们拌入酱料时也要温和地操作，这样才不会破坏所有的气泡。

当舒芙蕾正在烘焙的时候不要打开烤箱的门。

图1：炖煮白奶油酱直至黏稠。　　图2：滤出酱料。　　图3：放入鸡蛋黄搅打。　　图4：将鸡蛋清和干酪混入其中。　　图5：将舒芙蕾舀到烤碗里。

## 实验步骤

**第1步：** 预加热烤箱至200℃。

**第2步：** 在舒芙蕾烤碗上涂油（或喷油），并在上面撒上帕玛森干酪。

**第3步：** 在深平底锅中放入黄油，调至中火使之熔化。如果要用切碎的红葱，此时要将它们放入黄油中煸炒2-3分钟。

**第4步：** 向平底锅搅入筛过的面粉，持续加热约3分钟，直至面粉变得平滑。注意不要让它变成褐色。

**第5步：** 将平底锅从热源上移开，向其中搅入牛奶，制成白奶油酱。

**第6步：** 将锅放回加热炉上，调至中火并迅速搅打，直至混合物开始变得黏稠。将火力调低，用文火炖5分钟，从锅底不停翻炒，这样混合物才不会糊底。（图1）

**第7步：** 在白奶油酱中加入$\frac{1}{2}$茶匙（约2.25克）盐和$\frac{1}{4}$茶匙（约1.13克）白胡椒粉（如果需要的话）用以调味，将酱料滤到大碗里。（图2）

**第8步：** 将鸡蛋黄一个一个地打入白奶油酱中。（图3）

**第9步：** 换一个碗，倒入蛋清，缓慢地打发蛋清直至其发泡，然后向蛋清中加入塔塔粉和一点盐。

**第10步：** 持续打发蛋清直至它们形状凸起，但是不要等到它们看起来有些干的时候。

**第11步：** 用抹刀将$\frac{1}{4}$的鸡蛋清搅入白奶油酱中，再混入剩下的帕玛森干酪与格鲁耶尔干酪，然后轻轻地将剩余的鸡蛋清也放入其中，混合搅拌均匀。（图4）

**第12步：** 将上述舒芙蕾混合物舀入喷过黄油的烤碗里，放到烤盘上。（图5）

**第13步：** 将装有舒芙蕾的托盘放入烤箱中，立即将火力调低至190℃。

**第14步：** 小烤碗盛装的舒芙蕾需要烤12-15分钟，而用大烤碗盛装的则需要烘焙30-35分钟，或者直到舒芙蕾松软并呈现出金褐色。

**第15步：** 关闭烤箱，等待舒芙蕾在其中静置5分钟，完成烘焙过程。

**第16步：** 从烤箱中取出舒芙蕾。其中心应该呈现奶油状，也很烫，但依旧美味绝伦。享受它吧！（图6）

###  奇思妙想

在鸡蛋黄中打入$\frac{1}{4}$杯（约65克）香蒜酱（实验20），同时减少$\frac{1}{4}$杯（约60毫升）牛奶的用量，可以让你的舒芙蕾多一点奔放的口味。

可以将格鲁耶尔干酪换成别的奶酪，比如切达干酪[①]。

寻找其他类型的舒芙蕾制作步骤，并动手尝试。

###  科学揭秘

舒芙蕾是存放香气的松软"小洋楼"，由鸡蛋、牛奶和面粉这些简单的材料搭建而成。

为了避免出现颗粒状的纹理，面粉颗粒必须在黄油这样的脂肪中悬浮，在与牛奶混合并煮成白奶油酱之前形成主厨们所说的"面粉糊"。

一旦进入烤箱，热力会催动混合物中的气泡膨胀，于是舒芙蕾也会胀起来。同时，鸡蛋的蛋白质发生变性（分子发生不可逆的解开过程），与牛奶和小麦中的蛋白质共同发挥作用，支撑起这一大片美味。

---

① 切达干酪原产于英国一个叫切达的村庄，但如今在全世界很多国家都有生产，它常被制成干酪片，夹在三明治、汉堡等食物中食用（译者注）

# 超级春卷

##  实验材料

→ 蔬菜和水果（如红辣椒、鳄梨、胡萝卜、卷心菜和黄瓜）切成火柴一样的长条
→ 米纸①
→ 米线，也被称为中式长米粉
→ $\frac{1}{2}$ 杯（约120毫升）柠檬汁（或米醋）
→ 2勺（约26克）糖
→ $\frac{1}{4}$ 杯（约60毫升）酱油
→ $\frac{1}{4}$ 杯（约60毫升）水
→ 切碎的葱末儿（可选）
→ 红辣椒片（可选）

##  实验工具

→ 盛满温水的大碗
→ 小号的搅拌碗
→ 搅打器（或搅拌勺）

| 挑战级别  | 时长 约30分钟 | 产出结果 随你所想的数量 |
| --- | --- | --- |

有些食物实在是太漂亮了，以至于你都不舍得吃下去。把食材包成春卷是一种有趣的料理方式，华丽而又不失健康，同时也很容易通过填入你最喜欢的馅料来满足个人口味。

图6：沾上蘸酱享用。

## 安全提示与注意事项

在切生蔬菜时，要采取安全的刀法。

可以添加一些蛋白质食物，如煮熟的虾、鸡肉、豆腐或全熟蛋，将春卷变为一顿主菜。

一小块鳄梨（牛油果）可以给春卷带来奶油般的口感。

---

① 也可以直接采购超薄的春卷皮使用（编者注）

## 实验步骤

**第1步**：将柠檬汁、酱油、糖和水混合起来，不断搅拌将糖溶解，制成蘸酱。如果有需要的话，可以点缀一些葱末儿和红辣椒片。

**第2步**：将米纸浸没在温水中30秒，滤干，放在台面上。（图1）

**第3步**：在米纸的中心放上蔬菜和米线，不要过多。

**第4步**：拽起米纸的一边，将馅料覆盖起来。（图2）

**第5步**：再从另一边继续覆盖，并依次持续进行。（图3、图4）

**第6步**：将春卷卷起来。（图5）

**第7步**：搭配蘸酱食用。（图6）

### 奇思妙想

在餐桌上摆上一套自助春卷食材，这样每个人都可以制作他们最喜欢的馅料。

做一点肉丸（实验28）和米饭（实验29），搭配着享用你的春卷。

### 科学揭秘

米纸和米线都是由大米淀粉做成的，淀粉是一种凝胶剂，本身很脆，除非与水结合。

在淀粉中加入一些水，它就会形成很有弹性的凝胶。大米淀粉没有什么气味，但它有点透明，这就意味着你可以"看透"它。

将清澈而又富有弹性的米纸卷在色彩艳丽的食物以外，会创造出厨房里的艺术杰作，不仅好吃，还很值得拍照留念。

图1：给米纸蘸点水。

图2：在米纸中心放上馅料，将一边叠起来。

图3：将另一边盖上来。

图4：再盖上另一边。

图5：卷起你的春卷。

# 精致的法式薄饼

## 实验材料

→ 2勺（约28克）黄油，另外多准备一些用于煎锅

→ 1杯（约125克）通用面粉

→ $\frac{1}{8}$ 茶匙（约0.57克）盐

→ $1\frac{1}{4}$ 杯（约295毫升）牛奶

→ 2颗鸡蛋

## 实验工具

→ 薄饼煎锅（或带有不粘锅涂层的小号平底煎锅）

→ 烤箱

→ 薄刃抹刀

→ 搅打器

### 安全提示与注意事项

永远不要把薄饼煎锅遗忘在烤箱里无人照看。如果你扔在里面不管了，面糊会被烤糊乃至着火。

| 挑战级别 | 过敏原警告 | 时长 | 产出结果 |
|---|---|---|---|
| ♟♟♟ | 奶制品、鸡蛋和小麦 | 约30分钟（如果算上冷藏面糊的时间，则需要1小时） | 12-16张薄饼 |

无论是咸味的还是甜味的，法式薄饼与火腿、熔化的奶酪（或香蒜酱）、新鲜的番茄搭配在一起，都十分美味。还可以将它单独作为甜点食用，卷起来再撒上点糖霜就可以啦！

本实验根据马克·彼特曼的《如何烹饪一切》中的食谱改编。

图5：多精致的摆盘啊！

图1：混合面糊。

图2：舀出面糊，倒在热煎锅里，均匀摊平。

图3：在薄饼上撒一些糖霜，卷起来后再撒上一些。

图4：或是放上最喜欢的可口浇头。

图6：晚饭时来点薄饼? 别客气。

## 实验步骤

**第1步：** 将黄油熔化，冷却几分钟。

**第2步：** 混合面粉和盐，将其搅入牛奶中，持续搅打直至变得丝滑。

**第3步：** 加入鸡蛋和熔化的黄油，均匀搅拌。（图1）

**第4步：** 冷冻30分钟（可选）。

**第5步：** 将薄饼煎锅（或平底锅）放入烤箱中，设置成中火。

**第6步：** 当锅变热后，加入 $\frac{1}{2}$ 茶匙的黄油，使之熔化以涂抹锅底。

**第7步：** 简单混合面糊，舀出大约1勺放入热锅中。旋转并打圈，将锅倾斜一个角度，使面糊覆盖住整个锅底。（图2）

**第8步：** 当面糊的表面看起来有些干了之后（大约需要30秒左右），用抹刀挑出一处边缘，并借助于你的手指把薄饼翻面，将背面继续煎制15秒。此时薄饼应该呈现出棕色，但还不是脆的。

**第9步：** 将薄饼取出，放入盘子里，继续制作下一张。当你继续煎制的时候，可以一张一张地把它们先叠起来。

**第10步：** 在薄饼中填入可口的馅料，如火腿和奶酪（需先用烤盘将它们烤成褐色）。也可以制成薄饼甜点，在其中加入糖霜或冰激凌，还有巧克力酱。（图3-图6）

## 奇思妙想

大火爆炒或烧烤一些蔬菜（实验40），配上你的薄饼一起食用，或是打发一些阿尔弗雷多酱料（实验18）或香蒜酱（实验20），盖在薄饼上食用。

自制一些冰激凌（实验50）卷在薄饼中，再做一些巧克力镜面淋酱（实验41）浇在冰激凌顶上，享用美食吧！

## 科学揭秘

在制作薄饼的时候，水扮演了非常活跃的角色。

当你将牛奶、鸡蛋和面粉混合在一起时，面粉中的淀粉会从牛奶和鸡蛋中吸收水分。因此要将面糊放置得更久一点，以便水分被充分吸收。

面糊接触热煎锅时会被快速加热。随着水分从薄饼的表面挥发，淀粉也会吸收更多的水分，这样就会出现比较干燥的外观，从而让你知道什么时候该翻面了。

# 令人垂涎的肉丸

## 实验材料

→ 绞碎的牛肉（约455克）

→ 绞碎的猪肉（约455克）

→ 1颗鸡蛋

→ $\frac{1}{2}$ 杯（约25克）面包糠

→ $\frac{1}{2}$ 杯（约120毫升）牛奶

→ 1茶匙（约4.5克）盐

→ 胡椒粉（或其他喜欢的调味品），用于提味

## 实验工具

→ 铝箔纸（可选）

→ 烤盘

→ 食品温度计（或肉类专用温度计）

→ 大碗

→ 烤箱

→ 勺子

→ 搅打器

| 挑战级别 | 过敏原警告 | 时长 | 产出结果 |
|---|---|---|---|
| ♟♟♟ | 奶制品、鸡蛋、小麦 | 约45分钟 | 约910克肉丸 |

要制作出可口的肉丸，得使用鸡蛋在其中作为黏合剂，而面包糠则会让肉丸变得更软和。知道一些食品科学，可以确保享用你美食的客人，不会因为食物某些不受欢迎的细菌而致病。

本实验根据马克·彼特曼的《如何烹饪一切》中的食谱改编。

图5：享用吧！

图1：打鸡蛋，加入盐。

图2：搅拌所有食材。

图3：将肉糜捏成肉丸，放置在烤盘里。

图4：将肉丸加热到中心温度达71℃，如果含有火鸡（或鸡肉）则需要达到74℃。

在操作完生肉之后，永远记得要洗手。

使用一支食品温度计进行测温，确保在端上桌子前，牛肉丸（或猪肉丸）的中心至少达到71℃。

绞碎的火鸡（或鸡肉、羊肉）也可以作为猪肉（或牛肉）的替代物。用鸡肉（或火鸡肉）制成的肉丸应当达到至少74℃。

## 实验步骤

**第1步**：将烤箱预热到200℃，把铝箔纸（如果使用的话）覆盖在烤盘上。

**第2步**：在大碗中，把面包糠浸泡在牛奶中，直至变软（约5分钟）。

**第3步**：将绞碎的肉加入到面包糠中，用手（或勺子）搅拌。

**第4步**：向其中打入鸡蛋。混合盐和胡椒粉（或者其他调味品），将它们全部搅入肉糜中。（图1）

**第5步**：用手把肉糜捏成肉丸，直径约3.5厘米。（图2、图3）

**第6步**：将肉丸放在烤盘里，均匀摆放，然后将烤盘放入烤箱中，烘焙15分钟。

**第7步**：将肉丸从烤箱中移出，把温度计插入到肉丸的中心测量温度。当内部温度达到71℃时，肉丸就可以食用了，如果用的是火鸡（或鸡肉），内部温度则需要达到74℃。烘焙的时间取决于肉丸的尺寸，通常需要15-30分钟才能达到安全的温度。（图4）

**第8步**：将肉丸搭配你最喜爱的意大利面和酱一起食用。（图5）

## 奇思妙想

将肉丸与你最喜欢的意大利面搭配在一起食用，也可以与米饭（实验29）搭配，或是将它们放在土豆（实验31）、蔬菜（实验30）上食用。

可以试着制作你自己的意大利面（实验22），和肉丸一同食用。

## 科学揭秘

烹饪一些食物的时候，有时候很难知道究竟需要加热多久，因为热量的传递过程很复杂。比如说，如果你有2块牛排，其中一块是另一块的2倍厚，它就需要花上4倍于薄牛排的时间才能被煎熟。这也就是为什么用温度计测定肉丸的温度会如此重要。

食物中的大肠杆菌（E.coli）和其他很多致病细菌会在加热中被杀死。尽管微生物经常会在肉的外部被发现，但它们可以通过烤制或灼烧被杀灭，但是绞碎的肉会将微生物混到中心，这就变得很难被杀灭了。

为了杀死细菌，绞碎的牛肉、猪肉和羊肉都必须要加热到71℃。而绞碎的禽肉，如鸡肉或火鸡肉，携带的细菌种类不同，需要被加热到74℃。

# 时髦的小菜

一款拿手的小菜①就好比一位好伙伴：它补充了主菜的不足，使其变得更完美，却又不会盖过主菜的风头，这其中隐藏着科学。

煮出一碗松软的米饭，有助于理解哪种淀粉会让它变得更黏。土豆会不按套路吸收水分，所以烤土豆就是一个很不错的烹饪方式，能确保它们始终是可口的。

鲜嫩欲滴的蔬菜是充满营养的宝藏，烹饪的时候需要越快越好。为了保持它们的味道、营养和颜色，应该将它们保存在限制水分挥发的环境下，并且采取正确的烹饪方法，确保它们不会被完全破坏，或是被挥发性的酸脱去了颜色。

"让食物保持原汁原味。"

爱丽丝·沃特斯
（主厨兼作家，餐厅"潘尼斯之家"的老板）

---

① 小菜（side dish）是对分量较小的菜肴的称呼，与分量较大的"主菜"对应，可以指副食或配菜，也可以指单人或少数人食用的餐点（编者注）

# 松软的米饭

## 实验材料

→ 1杯（约185克）长粒大米
→ 1 $\frac{3}{4}$ 杯（约425毫升）水
→ $\frac{1}{2}$ 茶匙（约2.25克）盐

## 实验工具

→ 叉子
→ 中号带盖的深平底锅
→ 加热炉

## 安全提示与注意事项

从煮熟的米饭锅上揭开盖子的时候要分外小心。锅盖可能十分烫手，冒出的蒸汽也可以造成伤害。

也可以将本食谱的剂量增加为2倍或3倍。每增加1杯大米，就需要多加 1 $\frac{3}{4}$ 杯的水。

| 挑战级别 | 时长 | 产出结果 |
|---|---|---|
|  | 约30分钟 | 约315克米饭 |

大米有很多种形态和尺寸。根据你所用的大米种类，还有你的烹饪方式，从用于寿司的超黏圆粒米，到用于咖喱的那种芳香馥郁的印度香米，你可以制作出各种米食。接下来的实验步骤，是利用吸水原理来加工长粒大米。

图4：大火快炒（或烤过）的蔬菜与米饭一起食用的话很搭。

图1：量取大米。

图2：用水浸洗大米。

图3：用叉子翻一翻米饭，享用它。

图5：试着做一些黄油白沙司（实验21），让你的菜变得更可口。

## 实验步骤

**第1步：** 在深平底锅中放入水和盐，把锅盖盖上，开始加热。

**第2步：** 与此同时，将大米用清水浸洗几遍。（图1、图2）

**第3步：** 将大米倒入煮沸的水中，并立即搅拌。

**第4步：** 将锅盖重新盖上，将火力调为低档。

**第5步：** 焖煮大米18分钟。

**第6步：** 保持锅盖继续盖在平底锅上，将锅从热源上移开，静置5分钟。

**第7步：** 用叉子翻一翻米饭，使其变得更松软，然后享用吧！（图3）

**第8步：** 大火快炒的蔬菜和米饭很搭，再配上黄油白沙司（实验21），也是不错的选择。（图4、图5）

## 奇思妙想

用一些大火快炒（或烤过）的蔬菜搭配米饭一起食用（实验30）。

## 科学揭秘

"谷物"（cereal）这个词的英文词源是罗马的丰收女神克瑞斯（Ceres）。谷物是指不同草本植物的可食用种子：大米、小麦、玉米、燕麦以及大麦，都是谷物。野生大米是另外一种谷物，但它和其他品种的大米并无关系。

谷物粒可以被分为三个部分：麸糠、胚芽和胚乳。麸糠含有大量的矿物质，构成了谷物细胞的最外层。在市场上，你会发现有三种不同的生米：包含稻糠的棕色米、去除稻糠的白色米，以及预煮过的速煮米。

大米含有直链淀粉和支链淀粉两种淀粉。长粒米，如印度香米，所含的直链淀粉更多，所以蒸出的米饭，相比于含有更多支链淀粉的圆粒米而言，会更松软，也不会太黏。

# 充满生机的蔬菜

## 实验材料

→ 你喜欢的蔬菜

→ 橄榄油（用于烤制）或植物油（用于爆炒）

→ 盐

## 实验工具

**烧烤方式**

→ 混合用的碗

→ 烤箱（或烤架）

→ 烧烤托盘

**爆炒方式**

→ 炒锅（或大号的带盖平底煎锅）

→ 木筷（或木勺）

**白灼方式**

→ 焖锅

**清蒸方式**

→ 带盖焖锅

→ 蒸笼

| 挑战级别 | 时长 | 产出结果 |
|---|---|---|
| 👨‍🍳👨‍🍳 | 可变（取决于准备了多少蔬菜） | 可变（取决于蔬菜的种类和烹饪方式） |

不管是把蔬菜烤成焦糖色美食，还是把它们炒熟，或是蒸得美味可口，蔬菜都可以让任何一顿饭变得更好吃。用新鲜的时令蔬菜烹饪，总是可以给你带来最养眼也最美味的结果。其中，烤制是个不错的烹饪方式，能够让那些并不完美的蔬菜也充满活力。

图4：在炒锅（或煎锅）中爆炒蔬菜。

## 安全提示与注意事项

在切割脆爽而又富含纤维的蔬菜时，要多加小心。

建议爆炒的时候，要有成年人在一旁照看。

实验步骤只是作为一般的参考，而非法则。例如，胡萝卜、土豆、花椰菜以及洋葱这样一些比较紧实的蔬菜，比较适合烧烤，但你也可以尝试其他烹饪方式。

图1：清洗蔬菜，准备食材。

图2：将蔬菜切成差不多大小的小块。

图3：用橄榄油烤制蔬菜直至变成金褐色。

图5：蔬菜在变得酥软之时还应保持外形坚挺。

## 实验步骤

### 烧烤方式（生蔬菜、洋葱、花椰菜）

**第1步：** 将烤箱预热到200℃，或者如果有烧烤专用温度计，可以将烤架通电加热到200℃。如果没有烧烤温度计，烹饪时间可能就需要调整。

**第2步：** 清洗并擦拭蔬菜，有必要的话去皮，将其切段儿（或切块儿）。（图1、图2）

**第3步：** 在蔬菜上浇上1~2勺（约15毫升）油以及1茶匙（约4.5克）盐，将蔬菜转移到烧烤盘（或烤架）上。

**第4步：** 在烤箱里（或烤架上）烤制15分钟并翻面。如果蔬菜颜色开始变得太深，就将火力调低到180℃。持续烤制15分钟，直到颜色变成金褐色。用叉子可以让这个操作变得更简单。（图3）

### 爆炒及嫩煎方式（绿叶蔬菜、青刀豆、辣椒、西蓝花）

**第1步：** 准备食材，清洗蔬菜并掐去末端，修剪成大小相似的长条或薄片，以便它们可以被快速均匀地加热。

**第2步：** 向炒锅中加入1勺（约15毫升）植物油，如果使用平底煎锅的话，则需2勺，高火加热，直到将木筷（或木勺）伸入油中，表面会产生气泡为止。

**第3步：** 小心地将蔬菜加入炒锅（或煎锅）中。操作时往后站，以免被热油喷溅到。

**第4步：** 翻炒蔬菜1~2分钟，然后将火力缓慢调低。如果是爆炒，将锅盖盖上，焖1~2分钟，确保蔬菜完全熟透。如果是嫩煎，不用盖锅盖，翻炒直到蔬菜酥软。（图4）

**第5步：** 当蔬菜变软之后，放点盐，端上桌。（图5）

### 白灼及清蒸方式

**第1步：** 清洗并切短蔬菜，如西蓝花、青刀豆或芦笋。

**第2步：** 如果是白灼，在锅中加入足够的水以没过蔬菜，每约0.95升水加入大约1茶匙（约4.5克）盐。如果是清蒸，在锅中加入水，再放上蒸笼。

**第3步：** 将水煮沸，加入蔬菜。

**第4步：** 如果是白灼，不要在锅上盖盖子。如果是清蒸，则需盖上锅盖。

**第5步：** 继续烹饪，直到可以用叉子戳进蔬菜里，但又不是特别轻松。你只是需要蔬菜松软一些，而不是要把它们煮成糊。

 ## 奇思妙想

将做出的蔬菜和自制的意大利面（实验22）、舒芙蕾（实验25）或肉丸（实验28）搭配在一起食用，也可以搭配沙拉（实验32）食用。

用不同的烹饪方式对各种蔬菜进行实验。

 ## 科学揭秘

蔬菜里充满了营养物质，如何烹饪它们，决定了最终吃到嘴里的，是富含维生素的美味还是一滩烂泥。

有的时候，这也是一种折衷。用很少量的水覆盖蔬菜进行烹煮，是锁住营养最理想的方式，但是如果加水量覆盖了花椰菜，就难以散去挥发性酸，产生令人不悦的气味，并破坏其鲜艳的绿色。如果不加水覆盖花椰菜，做熟的蔬菜营养价值就会低一些，但可以保持青翠欲滴的绿色，而且味道也鲜美至极。

# 完美的烤土豆

## 实验材料

- → 土豆（用多少就准备多少）
- → 橄榄油（或植物油）
- → 盐
- → 香草（可选）
- → 蒜末儿（可选）

## 实验工具

- → 叉子
- → 混合碗
- → 烤箱
- → 土豆削皮刀（或板刷）
- → 平底烤锅（或烤盘）

## 安全提示与注意事项

搅拌土豆的时候，要小心热油飞溅出来。

| 挑战级别 | 时长 | 产出结果 |
|---|---|---|
|  | 约30–120分钟，取决于土豆的品种和尺寸 | 可变（取决于用了多少土豆） |

土豆有各种形状、大小、质地和颜色，而且大多数人都认为它们非常好吃。烧烤是个简单的办法，可以让这一淀粉主食发挥最好的状态。

图2：加入盐和胡椒粉调味。

# 实验步骤

**第1步**：将烤箱预热到200℃。

**第2步**：厚皮土豆（如黄土豆）需要先削皮，薄皮小土豆（如红土豆）可以用板刷搓掉外皮，直到表面看不到脏东西。

**第3步**：将土豆切成差不多大小，小土豆可以整块使用。切的土豆块越小，烤起来就会更快。

**第4步**：在土豆上撒上足够的油和一小撮盐。（图1–图3）

**第5步**：将土豆块在平底烤锅（或烤盘）里码成一层，再放入烤箱里。

**第6步**：15分钟后，取出小锅，对土豆进行搅拌，再放回烤箱中。

**第7步**：再烤制15分钟后，取出小锅。用叉子戳一戳土豆，查看土豆烤熟的程度。如果要加点香草和蒜末儿，可以把它们撒在土豆中并搅匀。然后再次将土豆放入烤箱。（图4）

**第8步**：持续搅拌并烤制土豆，直到它们变成金褐色，以及叉子可以更容易地戳入。

**第9步**：可以直接食用这些土豆，或在食用前放入200℃的烤箱中再次加热。上桌前可以加一些绿色的点缀，比如欧芹或一些其他香草，让烤土豆看起来更好看。（图5）

图1：在土豆上滴油。　　　　　　图3：把所有食材都混在一起。

图4：用叉子戳一戳土豆，以辨别它们　图5：加些绿色点缀后食用。
是否已经烤熟。

 ## 奇思妙想

　　烤土豆可以与任意主菜搭配食用，如肉丸（实验28）。还可以将土豆捣碎后放在盘子里，再淋上自制的酸奶油（实验12）。

　　可以烤制一些蔬菜来搭配土豆（实验30）一起食用。确保将这些蔬菜切成和土豆块几乎相同的尺寸。如果有可能的话，放入不同的盘子里烤制，因为它们无法按同样的速度烤熟。

## 科学揭秘

　　土豆是一类被称为"块茎"的植物根部，它们充满了营养物质，含有大量维生素，并且含有比香蕉更高比例的钾。

　　土豆中的很多营养物质都包含在土豆皮中，因此烤制那些没有去掉薄皮的小土豆，是获取大量维生素、矿物质以及其他天然化合物的一种好办法。

　　煮土豆相比于烧烤来说更麻烦，因为土豆中的淀粉会在烹煮的过程中吸收水分，并且不同土豆吸水的程度还不一样。

# 爽脆的沙拉

## 实验材料

→ 柔软的绿叶蔬菜（如生菜、菠菜、芝麻菜，以及/或羽衣甘蓝）

→ 最喜欢的蔬菜

→ 沙拉调味料（如香醋或橄榄油、醋和盐，可选）

→ 其他配料（如奶酪或油炸面包块，可选）

## 实验工具

→ 砧板

→ 厨房毛巾

→ 用于切蔬菜的菜刀

→ 大碗（或分餐的碗盘）

→ 果蔬脱水器（可选）

| 挑战级别 | 时长 | 产出结果 |
|---|---|---|
| 🍳 | 约15分钟 | 可变 |

一盘新鲜而又脆爽的沙拉，可以成为任何一顿饭的完美配菜，或者作为主菜独挑大梁。在沙拉上浇上你最喜欢的酱汁，会有助于你的身体吸收富含营养的维生素，它充斥于每一种绿叶蔬菜之中。

图5：搭配面包还有你最喜欢的酱料，上菜。

图1：挑选最喜欢的蔬菜。

图2：如果可以的话，使用应季蔬菜，它的口味更好。

图3：清洗蔬菜并甩干。

图4：有人挑食？那就把不喜欢的那部分蔬菜先放在一边，不直接混入。

图6：将小莴苣头从中间先劈开，用于单人份沙拉。

## 安全提示与注意事项

　　记住，切蔬菜的时候要采取安全的削切方式。

　　在给沙拉浇汁的时候，一开始先加入少量酱汁，每次一点点地缓慢滴入，直到生菜表面轻微地覆盖着酱汁。端上桌的时候，可以在有需要的客人面前放置一小碗酱料。

## 实验步骤

**第1步**：挑选最喜欢的蔬菜用于制作沙拉。应季的蔬菜通常更新鲜也更可口。（图1、图2）

**第2步**：将这些绿色蔬菜浸泡清洗，随后置于装满水的大碗之中。（图3）

**第3步**：从水中捞出这些蔬菜，这样就会把脏东西（或沙子）留在碗中。

**第4步**：在脱水器中将蔬菜甩干，或用一块干净的厨房毛巾将它们擦干。放入大碗（或沙拉碗）中摆好。也可以盛在小盘中制作成单人份沙拉。

**第5步**：同样的方法清洗其他蔬菜，并切成方便食用的大小。将它们全都加入沙拉中，或留在一边待用。（图4）

**第6步**：用你最喜欢的酱料给沙拉浇汁。可以先制作你自己的调味醋（实验15），或将等量的橄榄油与醋搅匀，加盐调味，再将其混入绿色蔬菜与素食中。（图5、图6）

## 奇思妙想

　　用你自制的沙拉和面包棒（实验6）搭配，与舒芙蕾（实验25）一同食用，或将它们摆在比萨面饼（实验24）上，滴上橄榄油和香脂醋①食用。

## 科学揭秘

　　为了保持蔬菜的爽脆，将它们储存在可以保持其湿润的环境中尤为重要。植物的表面积很大，例如莴苣便是如此，当它们暴露在空气中时，很快就会因失水而打蔫儿，一些营养物质也就在这个过程中损失了。

　　最好的办法是将绿色蔬菜放在塑料的自封保鲜袋中，先将大部分空气都挤压出去，再存放在冰箱的蔬菜专用格子里。因为绿叶蔬菜含有大量水分，这样可以避免蔬菜失去水分，也可以避免因为被置于最冷的空气中而冻伤。

---

① 香脂醋（balsamic vinegar）是产自意大利的一种醋，由葡萄酿成，有甜味（译者注）

# 蛋糕、点心、淋面与馅料

甜点是食品科学界的宠儿，完美的结果取决于精确的测量和对正确程序的遵循。

  天使蛋糕是由糖、蛋白质和空气搭建出来的"堡垒"，粘在烤盘之上，达到松软的完美状态，而本书所说的黄蛋糕与纸杯蛋糕，则依赖于脂肪对其结构稳定的帮助。酥皮馅饼是一种更为美味的精灵，夹在谷蛋白层里的脂肪，形成了一种让人难以置信的片状糕点，绵糯可食用的奶油酥外壳，包裹在你最喜欢的馅料之外。

  都说淋面是对蛋糕的最高荣誉，但它的味道应该要和外观一样好。理解奶油、黄油、鸡蛋、糖和巧克力的科学，有助于你制作出这个世界上最美的馅料与配料。

"理解科学如何在我每日的烘焙之中扮演的重要角色，将有助于我知晓每一种食材的局限性，以及我将会突破多少创造力的极限。"

米歇尔·盖尔
（糕点主厨，"詹姆斯·比尔德奖"获得者，咸味蛋挞西饼店店主）

# 完美的夹层蛋糕

## 实验材料

→ 筛过的蛋糕面粉（约575克）

→ $1\frac{1}{2}$茶匙（约6.75克）小苏打

→ 2茶匙（约9克）发酵粉

→ 1茶匙（约4.5克）盐

→ 2块黄油（室温），如使用厨房吸油纸，则需要额外多准备一些

→ 2杯（约400克）糖

→ 3颗鸡蛋（室温）

→ 2颗额外的蛋黄（室温）

→ 2茶匙（约10毫升）纯香草精油

→ 2杯（约475毫升）酪乳；或2杯（约475毫升）牛奶，混合10毫升柠檬汁（或醋）进行酸化

→ 喷雾油（可用厨房吸油纸替代）

## 实验工具

→ 2个8英寸或9英寸（直径20或23厘米）的蛋糕模具

→ 冷却架

→ 电动搅拌机　→ 厨房吸油纸（可用

→ 刀　　　　　　喷雾油替代）

→ 烤箱　　　　→ 牙签

| 挑战级别 | 过敏原警告 | 时长 | 产出结果 |
|---|---|---|---|
| 🎩🎩🎩🎩 | 奶制品、鸡蛋、小麦 | 约2小时（20分钟手工，40分钟烘焙以及1小时冷却） | 2个8英寸或9英寸（直径20或23厘米）的圆形蛋糕 |

混合牛奶和小苏打，能制作出华丽的鹅黄夹层蛋糕，适合出现在各种场合，而奥秘就在酸性物质。

本实验根据"司米腾厨房博客"中的食谱改编。

图6：切开蛋糕，与家人和朋友分享快乐。

图1：搅拌牛奶与糖。

图2：在糊状物中加入干食材。

图3：将糊状物倒入模具中烘焙。

图4：若牙签戳入拔出后还能保持干净，就可以将蛋糕从烤箱中取出了。

图5：在蛋糕上淋面。

## 实验步骤

**第1步：** 将烤箱预热到180℃。

**第2步：** 用喷雾油对蛋糕模具喷油（或涂抹黄油），也可以将涂过黄油的吸油纸置于模具内。

**第3步：** 将面粉、小苏打、发酵粉和盐混在一起筛分。

**第4步：** 用搅拌机将黄油和糖混合，直到完全均匀。加入香草精油，随后是3颗鸡蛋和2颗蛋黄，一次一颗，混合均匀后再加入下一颗。（图1）

**第5步：** 加入酪乳，在低速下搅打直到混合均匀（不要过度搅打），此时的糊状物看起来就像是某种酸奶。

**第6步：** 在糊状物中加入第3步中混合的干食材，每次加三分之一，搅打均匀后再加入下一次，不要过度搅打，但也要确保混合均匀。（图2）

**第7步：** 将混合物倒入蛋糕模具中，均匀地摊开，让顶部变得平滑。将模具抬高几寸，小心地摔在操作台面上，破坏掉那些大气泡。（图3）

**第8步：** 将蛋糕放入烤箱，烘焙35-40分钟。当烘焙完成时，它们会变成金褐色，将牙签戳入再拔出时，牙签应当是干净的。（图4）

**第9步：** 将蛋糕置于烘焙架上，降温大约15分钟。

**第10步：** 用刀将蛋糕边缘与烤盘壁分开，小心地将蛋糕翻面，放到冷却架上。大约1小时后，蛋糕足够冷却，就可以淋面了。

**第11步：** 给蛋糕上淋面，享用美味吧！（图5、图6）

## 奇思妙想

若是用巧克力酱（实验41）作为夹层和淋面，或是以柠檬酪作为夹层，以注入淡奶油的柠檬酪淋面（实验39），会更加诱人。

## 科学揭秘

当小苏打与酸性物质（如酪乳）混合时，会发生化学反应并产生二氧化碳气泡。这些气泡有助于让蛋糕变得蓬松，让它看上去像是充满小气泡的海绵。

最后一步再加入酪乳，这是非常重要的，因为一旦将其混入面糊，气泡就立即开始形成。发酵粉中同时混有酸和碱。

酪乳中的酸也会让蛋糕的质地变得更富有水分，更加软和。

# 邪魅的巧克力纸杯蛋糕

## 实验材料

→ $1\frac{3}{4}$ 杯（约219克）筛过的通用面粉

→ 2杯（约400克）糖

→ $\frac{3}{4}$ 杯（约88.5克）可可粉（如果可以的话，最好使用荷兰可可粉）

→ 1茶匙（约4.5克）发酵粉

→ 2茶匙（约9克）小苏打

→ 1茶匙（约4.5克）盐

→ 1杯（约235毫升）酪乳；或1杯（约235毫升）牛奶，混合15毫升柠檬汁（或醋）进行酸化

→ $\frac{1}{2}$ 杯（约120毫升）植物油

→ 1杯（约235毫升）热咖啡

→ 1茶匙（约5毫升）纯香草精油

→ 黄油（或喷雾油）

→ 2颗大鸡蛋（或特大鸡蛋，常温）

## 实验工具

→ 2个纸杯蛋糕模具

→ 冷却架

→ 电动搅拌机（或手持式搅拌机）以及大碗

→ 长柄勺（或杯子）

→ 中号碗

→ 烤箱

→ 烘焙纸杯

→ 漏勺（或筛子）

→ 抹刀（可选）

→ 牙签

| 挑战级别 | 过敏原警告 | 时长 | 产出结果 |
|---|---|---|---|
| ♟♟♟ | 奶制品、鸡蛋、小麦 | 约1小时 | 约24个纸杯蛋糕 |

**你不会在这些美丽的食物中品尝出咖啡的味道，但它会把巧克力的香味提升到新的层次，让这些小蛋糕成为任何淋面或糖浆的完美基底。**

本实验根据伊娜·加滕的《在家赤脚的伯爵夫人》中的内容改编。

图4：烘焙纸杯蛋糕，然后冷却。

在加入热咖啡时，要倍加小心，确保搅拌机处于低速档。

这些纸杯蛋糕含水量很高，这会让它们很可口，但对淋面却会造成一些麻烦。建议要么在淋面前将它们放到冰箱里冻上半小时，要么用挤压替代摊抹的方式进行淋面。

## 实验步骤

**第1步**：将烤箱预热到180℃。

**第2步**：用喷雾油对纸杯蛋糕模具进行喷油；也可以先用黄油涂抹模具，然后在模具内插入烘焙纸杯。

**第3步**：将干食材（面粉、糖、可可粉、发酵粉、小苏打、盐）一同筛到一个大碗中，混匀。（图1）

**第4步**：在第二个碗中加入鸡蛋、酪乳、植物油和香草精油。将搅拌机调到低速档，在干食材中加入湿食材。（图2）

**第5步**：加入咖啡，混合足够长的时间以使食材均匀。

**第6步**：将碗刮干净，确保所有东西都混合均匀，用长柄勺（或杯子）舀出原料，把纸杯都填满。（图3）

**第7步**：烘焙18-26分钟，直到用牙签插入蛋糕中心后再拔出来仍然是干净的。将蛋糕置于冷却架上冷却至少1小时，然后准备淋面。（图4）

**第8步**：在纸杯蛋糕上撒上糖霜，用挤压的方式淋面，或将其冷冻30分钟后再用抹刀淋面。（图5）

图1：筛分并量取各种材料。

图2：把干食材与湿食材混合起来。

图3：将糊状物倒入烘焙纸杯中。

图5：加上你最喜欢的淋面。

## 科学揭秘

味道和气味是很复杂的学问。多变的风味会挑动我们大脑中不同的神经网络，并且这些风味还会欺骗我们对味觉的判断。比如说，在巧克力或甜瓜上撒盐，会增强甜味。

巧克力和咖啡具有一些重叠的风味。在巧克力中加入一点点咖啡，会让巧克力吃起来感觉更正宗，而咖啡在与一块巧克力同吃的时候也会更美味。想来一杯摩卡咖啡吗？

## 实验材料

- → 1杯（约135克）蛋糕面粉
- → $1\frac{1}{2}$杯（约300克）绵糖
- → 12颗鸡蛋的蛋清（约355毫升）
- → $\frac{1}{2}$茶匙（约2.25克）盐
- → $1\frac{1}{2}$茶匙（约6.75克）塔塔粉
- → $1\frac{1}{2}$茶匙（约7.5毫升）纯香草精油

## 实验工具

- → 10英寸的空心蛋糕模具（天使蛋糕模具），或长条面包模具
- → 冷却架（或瓶子）
- → 电动搅拌机（或手持式搅拌机）以及大碗
- → 烤箱
- → 锯齿刀
- → 抹刀

| 挑战级别 | 过敏原警告 | 时长 | 产出结果 |
|---|---|---|---|
| 👨‍🍳👨‍🍳👨‍🍳 | 鸡蛋、小麦 | 约1小时混合与烘焙时间，另需1小时冷却时间 | 1个标准尺寸的天使蛋糕 |

**天使蛋糕完全对得起它的美名。无数的气泡让它变得很轻很蓬松，而蛋清的蛋白质又让它具备足够的强度，能够撑得起你最喜欢的淋面或夹层。**

本实验根据《美好家园新食谱》中的内容改编。

图9：在顶部放上树莓。

图1：筛分面粉与糖。

图2：分离蛋黄与蛋清。

图3：将干食材搅进蛋清中。

　　确保将蛋黄从鸡蛋清中取出，只使用蛋清。蛋黄中的脂肪会让这些美味的蛋糕坍缩。

　　确保所用的蛋糕（或面包）模具已经过仔细清洗，并且完全没有涂油。天使蛋糕在烘焙的时候必须能粘在烤盘上。

　　不要过度打发蛋清，不然它们会解体，或者可能得到一个令人失望的油腻蛋糕。在绵软凸起刚刚出现且看上去很光滑的时候停止打发。

## 实验步骤

**第1步：** 筛分并量取面粉。加入 $\frac{3}{4}$ 杯（约150克）糖，继续筛分两次之后备用。（图1）

**第2步：** 将蛋清与蛋黄分开，打发蛋清。当它们开始出现泡沫时，加入塔塔粉、盐和香草。继续打发，直到开始出现绵软的凸起，看起来富有水分和光泽。（图2）

**第3步：** 立即加入剩下的 $\frac{3}{4}$ 杯（约150克）糖到蛋清中，继续打发，直

## 人间少有的天使蛋糕
### （续）

图4：翻转蛋糕并冷却。

图5：将蛋糕从中央部位水平切开。

图6：在夹层中填料。

图7：开动脑筋，制作创意淋面。

图10：与朋友分享你的蛋糕。

到出现固定形态的凸起，但是看起来仍然富有光泽，而不是干涸的模样。不要过度打发。

**第4步：** 在蛋清中筛入 $\frac{1}{4}$ 的面粉与糖的混合物。将全部混合物装入模具中，用抹刀把混合物摊平，从锅壁附近挖下去，把中心部位挑高。（图3）

**第5步：** 轻轻地把剩余的干食材分4次加入混合物中搅拌，直至恰好混合，不要过度搅拌。

**第6步：** 将盛满混合物的没有涂油的空心蛋糕模具（或面包模具）放入

图8：加上点缀和蜡烛。

烤箱烘焙35-40分钟，直到蛋糕变为金褐色。

**第7步：** 将蛋糕倒扣在瓶子上，或放在冷却架上冷却1小时。（图4）

**第8步：** 用锯齿刀锯掉蛋糕的边缘，以便将其从模具上分离。要有耐心，因为蛋糕会粘在模具的边缘和底部。

**第9步：** 要想制作夹层蛋糕的话，从蛋糕侧面的中央位置水平地切开。填入最喜欢的夹心，再在外侧淋面。（图5-图7）

**第10步：** 不要忘了加一些点缀。（图8）

**第11步：** 或者在顶部放上新鲜的树莓。（图9）

**第12步：** 与朋友分享你的蛋糕。（图10）

 ## 奇思妙想

用柠檬酪（实验44）做夹层，再用淡奶油淋面（实验39）。

 ## 科学揭秘

天使蛋糕也被称为泡沫蛋糕，因为它是通过打发被糖霜与面粉包裹的蛋清实现的。它也同样被叫做蛋白酥蛋糕，因为你制作出了蛋白酥（实验48）基底并将其与面粉混合。

当你搅打的时候，鸡蛋的蛋白质特别善于形成气泡。它们还会提供水分，在灼热的烤箱中形成蒸汽，这有助于蛋糕变得更蓬松。塔塔粉可以形成酸性的环境，这不仅有助于稳定气泡，还在面粉中作为填料使蛋糕保持洁白的状态。

当打发膨胀时，蛋糕糊会粘在模具上，将泡沫结构维持在合适的位置，直到蛋清被烘焙成稳定的泡沫形态。

# 扎染蛋糕卷

## 实验材料

→ 3颗鸡蛋

→ 1杯（约200克）糖

→ 1茶匙（约5毫升）纯香草
  精油

→ $\frac{1}{3}$杯（约80毫升）水

→ $\frac{3}{4}$杯（约84克）通用面粉

→ 1茶匙（约4.5克）发酵粉

→ $\frac{1}{4}$茶匙（约1.13克）盐

→ 糖霜（糖果店有售）

→ 食用色素

→ 喷雾油（或黄油、起酥油；
  如果要做不含奶的蛋糕，
  就不要使用黄油）

## 实验工具

→ 镶边烤盘（25厘米×28厘米
  ×2.5厘米）

→ 电动搅拌机（立式或手持式
  搅拌机）

→ 大号棉质厨房毛巾

→ 刀

→ 混合用的碗

→ 烤箱

→ 厨房用吸油纸（或蜡纸）

→ 剪刀

→ 用于装面糊的小碗

→ 大勺子（或抹刀，可选）

→ 牙签

| 挑战级别 | 过敏原警告 | 时长 | 产出结果 |
|---|---|---|---|
| 👨‍🍳👨‍🍳👨‍🍳 | 鸡蛋、小麦 | 约1小时，不包括冷却和淋面的时间 | 1个10英寸（直径25厘米）的蛋糕卷 |

制作这种五彩斑斓而又富有弹性的蛋糕，秘诀就藏在海绵一般的面团之中。用淡奶油淋面，再将其卷起来，就可以创造出可口的车轮状蛋糕卷。

本实验根据我的父母在我11岁时赠送的礼物《美好家园新食谱》中的内容改编。

图9：蛋糕已经可以进行淋面了。

图1：搅打鸡蛋直至其变得黏稠松软，呈现出乳黄色。　　图2：将干食材加入其中。　　图3：在面糊中加入食用色素。

## 安全提示与注意事项

建议的夹层馅料：淡奶油淋面（实验39）或柠檬酪（实验44）。

建议的淋面用料：淡奶油淋面（实验39）或黄油乳脂淋面（实验40）。

## 实验步骤

**第1步**：预加热烤箱到190℃。

**第2步**：准备好小碗用于盛放做完的面糊，每一个碗盛放一种需要放入蛋糕中的颜色。

**第3步**：裁剪吸油纸（或蜡纸），使其与烤盘的底部吻合。将纸放于烤盘底部，在纸上以及烤盘壁上喷油（或涂油）。

**第4步**：将面粉、发酵粉和盐一同混入（或筛入）碗中，留待备用。

**第5步**：在一个中号碗里打入鸡蛋，将搅拌机调至高速档进行搅打，直至其变得黏稠而蓬松，并呈现乳黄色。（图1）

**第6步**：将糖霜加到鸡蛋中，每一次只加一点点。

**第7步**：将搅拌机调至低速档，加入水和香草继续搅打。

**第8步**：用大勺子（或抹刀）轻轻地将一半预先混合的干食材（第4步）抹入鸡蛋混合物中。待面糊变得细腻之后，再将剩余的另一半也抹入。不要过度搅拌。（图2）

**第9步**：立即将面糊分到此前准备的小碗中。在每个碗里加入食用色素，用勺子轻轻地搅拌。过度搅拌会让面糊萎缩。（图3）

**第10步**：将其中一碗面糊倒入烤盘中心。

**第11步**：将下一碗也倒入烤盘，处于第一层面糊的中心。依次重复这一过程，直到面糊全都倒进去，形成箭靶一样的面团。轻轻地倾斜烤盘，尽量让面糊流到烤盘的每一处角落。（图4）

**第12步**：立即将烤盘放到已预热的烤箱中，根据烤盘的大小，烘焙11~15分钟。烘焙后将牙签插入蛋糕中心，若拔出来还是干净的，则说明烘焙已完成。

**第13步**：当蛋糕正在烘焙时，在操作台面上铺一块厨房毛巾，在上面撒上大量糖霜。（图5）

**第14步**：将蛋糕从烤箱中取出，用小刀将其边缘与烤盘壁分离。

**第15步**：立即小心地将蛋糕翻面，扣到用糖霜覆盖的毛巾上。

**第16步**：剪掉蛋糕上任何脆的部分，再多撒上一点糖霜，然后在毛巾中将蛋糕从短的一端开始卷起来。如果有冷却架的话，可以将其置于其上冷却。（图6、图7）

图4：在烤盘中加入面糊，一次添加一种颜色。

图5：在厨房毛巾上撒上糖霜。

图6：在蛋糕上撒上更多的糖霜。

图7：从短的一端开始，将蛋糕卷起来。

图8：抹上夹层馅料（或淋面）将蛋糕再次卷起。

**第17步**：打开蛋糕卷，填上夹层馅料（或进行淋面），将其再次卷起——这一次不再将毛巾一起卷进去。（图8）

**第18步**：此时的蛋糕卷已经可以撒糖霜（或淋面）了。（图9）

**第19步**：装饰你的"扎染"杰作。（图10）

图10：发挥你的想象力，用糖果装饰蛋糕卷。

## 奇思妙想

制作蛋白酥蘑菇（实验48）或软糖（实验46），用来装饰你的蛋糕。

## 科学揭秘

在蛋糕家族中，蛋糕卷就如同一名身型柔软的体操运动员。

鸡蛋是这一食谱的主心骨。这不只是因为一旦到了特定温度，它们就会给蛋糕提供结构，也是因为在搅打的时候，它们可以很好地形成气孔。在鸡蛋中加入糖分，可以使气孔稳定，也能让蛋糕变得更松软。

大多数海绵状的蛋糕都依赖于蛋清形成的气泡，但是这种蛋糕还有一件秘密武器：发酵粉是碳酸氢钠（小苏打）和一种弱酸的混合物，可以发生化学反应产生二氧化碳气体，在混合物中提供更多的气体。

面粉中的蛋白质和淀粉会给气体搭建额外的骨架，面糊中高含量的糖与低含量的面粉，会创造出一张富有弹性的蛋糕皮，可以把它卷起来而不会开裂。

# "老妈牌"酥皮馅饼

## 实验材料

→ $1\frac{1}{2}$ 杯（约188克）通用面粉，另外再多准备一些用于压辊

→ $\frac{1}{2}$ 茶匙（约2.25克）盐

→ $\frac{1}{2}$ 杯（约100克）植物起酥油（或黄油，但需要参考后文"注意事项"中的说明）

→ $\frac{1}{4}$ 杯（约60毫升）冷水

→ 草莓馅料（可选）：
3-4杯（约425-580克）新鲜水果，清洗并切成小块，再加入草莓果冻等水果蜜饯

→ 桃子馅料（可选）：
桃子，$\frac{1}{2}$ 杯（约100克）白糖，$\frac{1}{4}$ 杯（约37.5克）红糖，1勺（约15毫升）柠檬汁，2勺（约15克）面粉，2勺（约28克）黄油

## 实验工具

→ 搅拌勺

→ 烤箱

→ 厨房吸油纸（可选）

→ 油面混合器（或餐刀和叉子）

→ 糕点台布（或干净的厨房毛巾）

→ 擀面杖

→ 筛子（可选）

→ 球形搅打器（可选）

→ 馅饼烤盘

| 挑战级别  | 过敏原警告 鸡蛋、小麦 | 时长 约15分钟手工，另需15-45分钟烘焙时间 | 产出结果 2块酥皮馅饼 |
| --- | --- | --- | --- |

擀面杖是你唯一需要的工具，它可以将漂亮的酥皮做成甜蜜而又可口的馅饼。我的母亲一直采用这套实验步骤，制成的效果难以被超越，至于其中的奥秘，便是这起酥油。

图8：带上你的馅饼去野餐。

图1：将起酥油混入面粉中。

图2：将面团摆在糕点台布上。

图3：将酥皮展平。

预烘焙酥皮，填入做熟的馅料，如布丁、巧克力慕斯或水果。在烘焙蛋挞派（如南瓜派）或双层水果派之前，加入馅料。

可以使用黄油替代植物起酥油，但它可能只会形成较少的酥皮。

## 实验步骤

**第1步**：预热烤箱到180℃。

**第2步**：混合面粉与盐，将它们筛在一起，你可以像面点主厨那样进行完美地分配，也可以用叉子（或球形搅打器）进行混合。

**第3步**：使用油面混合器（或叉子和餐刀），将面粉、盐的混合物和植物起酥油混合，直到它们像玉米粉那样形成小颗粒。（图1）

**第4步**：在面粉和起酥油的混合物中加入冷水，以划大圈的方式快速搅拌，使水扩散到每一处，从而被面团均匀地吸收。不要过度搅拌，面皮此时不会结合在一起。

**第5步**：把面团倒在撒有少许面粉的棉质厨房毛巾（或糕点台布）上，用台布将面团揉成一团。再将它放在撒了面粉的台面上，揉捏几次，但不要过度。（图2）

**第6步**：将面团切成两个面球，将其中一个放到台面上展开。如果面团特别软，可以放到一张大吸油纸上，这样就不用多加面粉了。

**第7步**：用手将面团压平，然后再用擀面杖，从中心向外侧将其辊压成圆形，当触及圆形边缘时再抬起擀面杖。（图3）

**第8步**：当酥皮的大小合适了，将它用擀面杖卷起来，转移到一个馅饼烤盘上。再将其展开，用手指捏住边缘，用多余的面团堵住破洞或填补边缘豁口。（图4、图5）

**第9步**：对另外一块面团重复实验第6步-第8步，用叉子对两块面团戳洞，这样在烘焙的时候，蒸汽能够释放。

**第10步**：预烘焙酥皮，或填入馅料，开始烘焙。

**第11步**：对于单层酥皮馅饼而言，在180℃下烘焙到全部变为金褐色。如果边缘开始变黑但中心还需要继续烘焙，可以在馅饼上覆盖铝箔纸，直到酥皮完成。制作新鲜草莓馅料，需要先将蜜饯融化，再与新鲜水果混合，然后将混合物填入预烘焙的酥皮馅饼中。（图6）

**第12步**：对于双皮馅饼而言，将馅料填入预烘焙的酥皮中，在顶部挖一些洞，再用多余的酥皮作为点缀，根据馅料的情况烘焙一段时间。对于桃子馅饼（不是不含奶制品的食物）而言，将所有除黄油以外的材料混合起来。在馅饼中填入馅料，在加入第二张酥皮前，点一些黄油。在200℃条件下烘焙45-50分钟。（图7）

"老妈牌"酥皮馅饼
（续）

图4：用擀面杖将酥皮卷到馅饼烤盘上。

图5：用手指给酥皮卷边。

图6：在烘焙过的酥皮上放馅料。

图7：给酥皮做一些点缀还是很有趣的。

图9：享用你的馅饼吧！配上冰激凌也很不错。

**第13步**：每个人都喜欢馅饼！在野餐的时候带着它们，或在家享用
吧！（图8-图10）

图10：每个人都喜欢馅饼。

 **奇思妙想**

制作布丁（实验43）或柠檬酪（实验44），将其填入你预烘焙的单层酥皮馅饼中。在馅饼上放一些树莓，或淡奶油（实验39），或自制的冰激凌（实验50）。

 **科学揭秘**

好的糕点酥皮应该是柔软而又具有片状结构的。

当潮湿的小麦面粉（谷蛋白）释放出填充蒸汽的气泡，从而形成舒展开的蛋白质复合物层时，在烘焙期间便会形成酥皮。

为了保持酥皮松软，有必要将部分面粉与水隔离，由此控制谷蛋白的交联。油脂，例如植物起酥油，是一种良好的隔水材料，所以在加水之前将油和面粉混合好，是一项非常重要的工作。

像黄油和人造黄油这样的一些脂肪都含有水分，因此很多糕点主厨都坚持使用纯油脂，如猪油和植物起酥油，用于制作层状的松软酥皮。还有一些人并不是很在意起酥油的口感，就只是喜欢涂黄油。

# 天上才有的奶油泡芙

## 实验材料

→ 1杯（约235毫升）水

→ $\frac{1}{2}$ 杯（约112克）黄油

→ 1杯（约125克）筛过的通用
　面粉

→ $\frac{1}{4}$ 茶匙（约1.13克）盐

→ 4颗大鸡蛋

## 实验工具

→ 烤盘

→ 冷却架

→ 烤箱

→ 锯齿刀

→ 深平底锅

→ 加热炉

→ 球形搅打器

### 安全提示与注意事项

当水煮沸时，将黄油化开，并立即加入面粉。如果太多的水蒸发了，就不会有足够的水汽使奶油泡芙膨胀到它最大的高度。

| 挑战级别 | 过敏原警告 | 时长 | 产出结果 |
|---|---|---|---|
| 🍳🍳🍳 | 奶制品、鸡蛋、小麦 | 约1小时 | 10个奶油大泡芙 |

奶油泡芙也有个昵称叫"奶油卷心菜"（法语），是一种比烤酥饼更小也更软的糕点。把淡奶油（或冰激凌）填入其中，再撒上糖霜，对任何人来说都是难以拒绝的美味。

本实验根据《美好家园新食谱（1976年版）》中的内容改编。

图4：从侧面的中央位置水平地劈开奶泡芙，待冷却后填入奶油。

图1：将材料混在一起过筛。

图2：将鸡蛋搅入煮过的混合物中。

图3：将面糊舀到烤盘上。

图5：可以用冷冻食品填充。

## 实验步骤

**第1步**：将烤箱预热到200℃。

**第2步**：将黄油涂抹在烤盘上（或用喷雾油喷油）。

**第3步**：将面粉与盐一同过筛。（图1）

**第4步**：在平底锅中将水煮沸，立即加入$\frac{1}{2}$杯（约112克）黄油。

**第5步**：当黄油熔化之后，加入筛过的面粉，搅拌，直到混合物形成一个黏稠的面球。

**第6步**：将锅从热源上移开，使混合物缓慢冷却大约5分钟。

**第7步**：一次一个地打入鸡蛋，打发之后再加下一个，直到糊状物变得细腻。（图2）

**第8步**：使用汤勺将糊状物舀到涂过油的烤盘上，面糊相互间隔约7.5厘米。（图3）

**第9步**：在200℃条件下烘焙大约30分钟，直到奶油泡芙膨胀起来并形成金褐色。

**第10步**：将它们从烤箱中取出，用锯齿刀从侧面的中央位置以水平方向劈开，放在架子上冷却。（图4）

**第11步**：当奶油泡芙冷却之后，用你最喜欢的冰激凌（雪糕或淡奶油）填充。（图5）

## 奇思妙想

可以用自制的冰糕（实验52）、冰激凌（实验50）或柠檬酪（实验44）填入泡芙中。用传统的淡奶油（实验39）填充会有点困难。

## 科学揭秘

奶油泡芙的面糊和空心松饼（实验23）的面糊几乎一样，但它所含的脂肪却是后者的8倍。因此相比于个头大得多的松饼"亲戚"而言，奶油泡芙显得更松软，也更油腻。为了弥补多余脂肪带来的负面作用，奶油泡芙也比空心松饼需要更多的鸡蛋以保持它们的结构稳定。

# 淡奶油与淡奶油淋面

## 实验材料

→ 打发用的淡奶油（约473毫升），充分冷却

→ 糖霜（约135克，糖果店有售），其中120克用于淋面、15克用于淡奶油

→ 1勺（约15毫升）纯香草精油

→ $\frac{1}{4}$ 茶匙（约1.13克）盐

## 实验工具

→ 冷冻过的混合碗（在冰箱中放置数分钟或盛上冰水冷却）

→ 筛子

→ 小碗

→ 立式搅拌机（或手持式搅拌机）

### 安全提示与注意事项

不要过度打发奶油，要不然最终得到的将会是黄油。

| 挑战级别 | 过敏原警告 | 时长 | 产出结果 |
|---|---|---|---|
| 👨‍🍳👨‍🍳 | 奶制品 | 约15分钟 | 约4杯淡奶油或淡奶油淋面 |

将空气和糖搅入奶油中，可以形成甜味的泡沫美食，任何人造搅打配料与之相比都会黯然失色。用额外的糖霜强化淡奶油，你就会得到一些可爱的轻质淋面，几乎可以用来涂抹任何蛋糕。

图5：为你的杰作增添一点色彩。

# 实验步骤

**第1步：** 将面粉和糖霜一同过筛到小碗中。

**第2步：** 将打发用的淡奶油倒入冷冻过的碗里并打发，直到奶油看起来起泡了。（图1、图2）

**第3步：** 持续打发奶油，分批加入糖霜，一次加一点（淡奶油中加15克，淡奶油淋面中加120克）。

**第4步：** 加入香草并持续打发。制作淡奶油时，当软绵绵的凸起能够维持时停止打发；制作淋面时，当出现了比较坚硬的凸起时停止打发，此时奶油应该能够粘在搅打器上。（图3、图4）

**第5步：** 用淡奶油在蛋糕上涂抹（或淋面），做成冰激凌蛋糕。也可以将它填入奶油泡芙之中。（图5）

**第6步：** 享用它吧！

图3：打发奶油直到形成凸起。

图4：淡奶油应该会粘在搅打器上。

## 奇思妙想

将淡奶油填入奶油泡芙（实验38）中，或加在冰激凌（实验50）顶部。作为扎染蛋糕卷（实验36）或天使蛋糕（实验35）的夹层或淋面，淡奶油淋面可以说是完美的。

## 科学揭秘

淡奶油中含有脂肪，带来了稳定的泡沫结构。奶油中的乳脂微球围绕着打入空气的气泡，就像孩子们玩的"编玫瑰花环"游戏一样。

当你打发淡奶油的时候，气泡会形成一个网络并使泡沫变得坚固。不过，如果打发奶油的时间过长，整个网络就可能会因此坍塌，使乳脂从牛奶中分离出去。

给奶油降温会有助于一些脂肪的结晶过程，这对结构而言是有利的，而且糖也会强化气泡。然而，太早加入糖也会让脂肪迟迟不能聚集，让气泡的形成过程变慢。

图1：将奶油加入冷冻后的碗里。

图2：对淡奶油而言，用手持式搅拌机是很不错的工具。

# 黄油乳脂淋面

| 挑战级别 | 过敏原警告 | 时长 | 产出结果 |
|---|---|---|---|
|  | 奶制品 | 约15分钟 | 约3杯淋面 |

我婆婆制作的家常乳脂是我们一家人最有需求的淋面。每年夏天，她会在七月过生日的时候制作蛋糕，在上面覆盖一点其他的点缀，就能带来一场丰富多彩的蛋糕盛宴。

本实验来自珍·海拿克的食谱。

## 实验材料

→ 5勺黄油（约60毫升），软化但还没有熔化

→ 糖霜（约455克，糖果店有售）

→ 咖啡伴侣

→ 1茶匙（约5毫升）纯香草精油（或柠檬精油，可选）

## 实验工具

→ 立式搅拌机（或手持式搅拌机）以及碗

### 安全提示与注意事项

加入咖啡伴侣（或糖霜），可以让淋面变得更稀薄（或更黏稠）。

图5：品尝美味！

图1：将黄油搅拌成奶油状，加入糖。

图2：加入咖啡伴侣。

图3：品尝淋面。

图4：撒上一些点缀物。

# 实验步骤

**第1步**：把黄油搅拌成细腻的糊状物。

**第2步**：加入糖霜，一次加一点点，直到完全混合。（图1）

**第3步**：如果需要的话，可加入香草精油（或柠檬精油）。

**第4步**：一次性加入1勺（约15毫升）咖啡伴侣，直到混合物平滑度达到预期。（图2）

**第5步**：将做成的淋面浇在蛋糕（或全麦饼干）上，享用你的美味吧！（图3-图5）

 ## 奇思妙想

乳脂淋面涂抹在巧克力纸杯蛋糕（实验34）上非常可口，也可以作为镜面光釉（实验42）的完美基底。对于黄色夹层蛋糕（实验33）或天使蛋糕（实验35）而言，用它淋面也是美妙绝伦。

 ## 科学揭秘

黄油是这一美味淋面的基础。

在黄油的生产过程中，当奶油被搅打成黄油时，包裹在黄油脂肪外的膜会受到干扰，脂肪球就开始粘在一起。搅打的时间越长，就会有更多的脂肪球粘连。最终，黄油脂肪发生分离，从而形成两相：黄油脂肪和水溶液。

黄油脂肪被脱除并洗涤，加入食盐，但是仍然会含有一些水。最终，黄油至少含有80%的脂肪，这就使得像乳脂这样的淋面含有过多的热量，但偶尔也值得一尝。

# 华丽的甘纳许淋面

## 实验材料

→ 4杯（约946毫升）打发用淡奶油

→ 4杯（约680克）切碎的高品质半糖巧克力（或半糖巧克力条）

→ 1茶匙（约5毫升）淡玉米糖浆

→ 1茶匙（约5毫升）纯香草精油（可选）

## 实验工具

→ 中号厚底平底锅

→ 搅拌勺

→ 加热炉

### 安全提示与注意事项

　　用高品质半糖巧克力（或巧克力条）以及淡奶油做出来的甘纳许是最棒的。如果你用的巧克力含有太多的黄油脂肪，淋面看起来就会有些太油，就有必要换成含脂量更低的奶油。

| 挑战级别 | 过敏原警告 | 时长 | 产出结果 |
|---|---|---|---|
| | 奶制品 | 约30分钟，另需额外的冷却时间 | 6杯（约1.4升）淋面 |

　　遥想孩提岁月，每当我们家制作冰激凌的时候，我的母亲都会制作巧克力甘纳许。我们称之为热法奇酱，并会舔掉碗里残留的每一滴。这种经典的巧克力奶油乳液，不仅可以作为天鹅绒般的丝滑淋面使用，制作起来也很简单快捷。

图6：让甘纳许变得更平滑或更有质感。

## 实验步骤

**第1步**：将淡奶油倒入平底锅中，文火加热到温热。（图1）

**第2步**：将巧克力（或巧克力条）放入锅中。（图2）

**第3步**：保持火力为低火，搅拌混合物直到其变得细腻而黏稠，不停搅拌，这样巧克力才不会糊底。这需要大约15–20分钟。

**第4步**：将锅从热源上移除，如有必要，搅入香草精油。（图3）

**第5步**：搅入玉米糖浆，有助于防止结晶。

**第6步**：趁热将甘纳许放到冰激凌上做成圣代，或用保鲜膜覆盖，放在冰箱中冷却做成淋面使用。（图4）

**第7步**：如果进行冷却，每15分钟需搅拌一次，直到呈现出完美的平滑度。（图5、图6）

**第8步**：淋面可以在室温下保存2天，或直接冷冻保存。虽然在冰箱中会发生固化，但可以在室温下静置，待其软化之后继续使用。

图4：冷却甘纳许。

图3：加入香草精油。

图5：在蛋糕（或纸杯蛋糕）上淋面。

 ## 奇思妙想

用甘纳许对夹层蛋糕（实验33）进行淋面，这样可以亲手做出一件了不起的蛋糕杰作。

用温巧克力甘纳许打发冰激凌是非常困难的，特别还是由你自己制作的时候（实验50）。如果你更喜欢稀一点的巧克力，可以多打入一点温奶油。

图1：量取奶油。

图2：在平底锅中加入巧克力。

 ## 科学揭秘

甘纳许由悬浮在奶油与巧克力中的固体，再加上乳化的黄油制成，所有物质都悬浮在糖浆的包裹之中。

奶油相对于巧克力的比例大一些，可以制作出固体的甘纳许，较少的奶油则会得到黏稠的甘纳许。

采用半糖巧克力，以及奶油与巧克力比例为1∶1的时候，可以得到完美的蛋糕淋面。玉米糖浆是一种干扰剂，它可以避免糖结晶的出现，从而保持淋面光亮如镜。

# 魔幻的镜面光釉

## 实验材料

→ 水
→ 1杯（约175克）切碎的烘焙用白巧克力，其中含有可可脂
→ 1包（约7克）吉利丁粉
→ 1杯（约200克）糖
→ $\frac{1}{3}$杯（约80毫升）玉米糖浆
→ $\frac{1}{3}$杯（约80毫升）水
→ $\frac{1}{3}$杯（约80毫升）炼乳
→ 食用色素
→ 冷冻的蛋糕（或纸杯蛋糕、曲奇、慕斯，用于上釉）

## 实验工具

→ 烤盘
→ 手持式搅拌机（浸入式搅拌机）
→ 食品温度计
→ 厚底平底锅
→ 小碗（或纸杯蛋糕）
→ 加热炉

| 挑战级别 | 过敏原警告 | 时长 | 产出结果 |
|---|---|---|---|
| ♣♣♣ | 奶制品 | 约30分钟，另需额外的冷却时间 | 约2杯镜面光釉 |

制作出光亮釉面的奥秘在于温度。在蛋糕、纸杯蛋糕、曲奇或冷冻巧克力慕斯上，浇上这层耀眼的反光淋面。

图6：能看到镜面光釉的反光吗？

## 安全提示与注意事项

在煮沸糖和糖浆混合物的时候，成年人在旁照看是很有必要的。

在浇上镜面光釉前，蛋糕、纸杯蛋糕和曲奇需要先进行淋面并冷冻。

慕斯可以在硅胶盘中冷冻，再放在一个小容器的顶部用于上釉。

不管给什么食物上釉，都要在下面铺上烤盘，要不然会把手上弄得一团糟。

图1：将吉利丁粉加到水中。　图2：在吉利丁溶液中混入巧克力。　图3：冷却，加入食用色素。　图4：将釉面倒在预先淋面的冷冻纸杯蛋糕（或蛋糕、慕斯）上。　图5：可以在细节处进行点缀。

# 实验步骤

**第1步：** 将吉利丁粉加到3勺（约45毫升）水中，静置5分钟或更久。（图1）

**第2步：** 将糖、玉米糖浆和水混合加热至沸腾（需要有成年人在旁照看）。

**第3步：** 当糖、玉米糖浆和水形成清澈的糖浆时，将它们从热源上移开，再将吉利丁搅进去。

**第4步：** 待吉利丁溶解后，立即加入白色巧克力搅拌，静置混合物1分钟。（图2）

**第5步：** 将 $\frac{1}{3}$ 杯（约80毫升）炼乳加入其中搅拌，直到能看到一层光滑闪亮的釉面。

**第6步：** 将混合物分放在3~4个小碗中，用食用色素来创作出你想要的镜面釉色。（图3）

**第7步：** 测量每一个碗里的温度。当它们已经冷却到35℃时，将需要上釉的甜点从冰箱中取出，放到小碗（或纸杯）中。

**第8步：** 将镜面光釉倒在甜点上，涂匀，用不同的颜色勾勒出有设计感的图案。（图4、图5）

**第9步：** 做完这些之后，将甜点放到冰箱中1~2小时，从而使釉面硬化。

**第10步：** 展现你的烹饪创意。（图6）

## 奇思妙想

用镜面光釉涂抹巧克力纸杯蛋糕（实验34）、巧克力慕斯（实验45）或完美的夹层蛋糕（实验33）。

制作出五颜六色的蛋白酥蘑菇（实验48），完成你的镜面杰作。

## 科学揭秘

当吉利丁粉溶解在水中并冷却时，它会形成一种凝胶。科学家称这种凝胶为胶体，它能够以一种有趣的方式折射并反射光线。

折射这个词的意思，指的是光线在穿过不同透明材料时改变速度和方向的方式，这些透明材料包括空气、油、水，也包括吉利丁。

当光线触碰到镜面光釉中的吉利丁时，它们会在某种程度上发生弯曲和反射，这就使釉面呈现出能够反光的耀眼外观。

# 传统老布丁

## 实验材料

→ 2勺（约30毫升）玉米淀粉
→ $\frac{3}{4}$ 杯（约150克）糖（如果要制作奶油糖果布丁，则需使用约112.5克红糖）
→ $\frac{1}{4}$ 茶匙（约1.13克）盐
→ 2颗鸡蛋黄，轻微打发
→ 2杯（约475毫升）牛奶
→ 2勺（约28克）黄油（如果使用红糖则需取用3勺，约42克）
→ $1\frac{1}{2}$ 茶匙（约7.5毫升）纯香草精油

## 实验工具

→ 长柄勺（可选）
→ 带有厚底的中号（或大号）平底锅
→ 筛子（或对锅无损的叉子）
→ 小碗
→ 加热炉
→ 球形搅打器

| 挑战级别  | 过敏原警告 | 时长 | 产出结果 |
|---|---|---|---|
| | 奶制品、鸡蛋 | 约30分钟，另需额外的冷却的时间 | 3杯（约675克）布丁 |

布丁是种让人愉悦的食物。本实验采用了美国中西部风格的食谱，加不加红糖均可，这取决于你是想要奶油味还是香草味。可以直接吃掉它，或将它填充在馅饼中。

图5：品味你的传统老布丁！

图1：搅打蛋黄与温牛奶。

图2：在平底锅中加入蛋黄混合物。

图3：加入黄油并搅拌。

图4：将布丁舀入小碗里。

## 安全提示与注意事项

如果使用红糖，需要将黄油的用量提高到3勺（约42克）。

## 实验步骤

**第1步：** 将干食材（玉米淀粉、糖、盐）筛到中号平底锅（或焖锅）中，或者一边加入，一边用叉子将它们搅拌均匀。

**第2步：** 加入牛奶，在中火条件下加热，直到混合物变得黏稠。当它开始起泡时，继续搅拌2分钟，然后从热源上移开。

**第3步：** 将蛋黄放在小碗中，舀入一些热牛奶混合物，搅打至均匀混合。（图1）

**第4步：** 将温热的蛋黄混合物刮回锅里，搅拌至均匀。设置为中火，再加热2分钟，同时搅拌。（图2）

**第5步：** 将混合物从热源上移开，混入黄油与香草精油。（图3）

**第6步：** 将布丁舀到（或直接倒在）一个个小碗里，也可以浇在预烘焙的酥皮馅饼上。冷却之后，它会变得黏稠。（图4）

**第7步：** 享用吧！（图5）

## 奇思妙想

制作并烘焙酥皮馅饼（实验37），填入香草味布丁，再在馅饼上覆盖水果。

自制淡奶油（实验39），让布丁变得更美味！

## 科学揭秘

包括玉米淀粉在内的淀粉，是从干燥脱水的植物细胞中获取的，它们非常容易吸收水分。

如果在水中加热玉米淀粉，就会看到溶液变得黏稠，同时因为颗粒吸收了水分而膨胀并变得透明。当光线通过膨胀淀粉时的速度、角度与其通过水一样时，膨胀淀粉看起来就会是透明的。科学家将这一变化称之为"凝胶化"。

在接下来被称为"糊化"的阶段，淀粉开始脱落出一些分子，这会使得悬浮于其中的液体在冷却时急剧变稠。这也就是布丁在冷却时变得黏稠的原因。

# 甜美的柠檬酪

## 实验材料

→ 3颗柠檬，榨出果汁（具体果汁量取决于柠檬的大小）

→ 1杯（约200克）糖

→ $\frac{1}{2}$ 杯（约112克）加盐的黄油

→ 3颗鸡蛋

## 实验工具

→ 榨汁机（或柑橘压榨机）

→ 中号厚底平底锅

→ 筛子（可选）

→ 勺子

→ 加热炉

→ 球形搅打器

→ 剥橙器（或刨丝刀、切片刀）

| 挑战级别 | 过敏原警告 | 时长 | 产出结果 |
|---|---|---|---|
| ♟♟ | 奶制品、鸡蛋 | 约30分钟，另需额外的冷却时间 | 2杯（约500克）柠檬酪 |

对喜爱柑橘的人来说，柠檬酪可以说是极度养眼的，能作为完美的馅料填充在天使蛋糕或奶油泡芙之中。它具有丝滑的奶油质地，还有强烈的柠檬清香，可以让任何一款糕点充满灵魂，让你只想一勺一勺吃掉它。

本实验根据马克·彼特曼的《如何烹饪一切》中的内容改编。

图5：用柠檬酪和淡奶油填充奶油泡芙。

图1：在平底锅里加入柠檬皮。

图2：在锅里加入柠檬果汁、黄油和糖。

图3：将鸡蛋搅入。

图4：舀到罐子里。

图6：柠檬酪和淡奶油可以制作出美味的蛋糕夹层。

## 安全提示与注意事项

当果汁、黄油和糖浆的混合物还很热的时候，不要将鸡蛋加进去，否则鸡蛋就熟了。

可以将柠檬皮留在柠檬酪中，但是我更喜欢细腻的口感，所以建议在食用或储藏之前，还是将它挑出去更好。

## 实验步骤

**第1步**：仔细清洗柠檬，并用剥橙器（或刨丝刀）切开其中一个。将柠檬皮加到平底锅中。（图1）

**第2步**：将柠檬一切为二，榨汁。

**第3步**：将柠檬汁、黄油和糖加入平底锅中，与柠檬皮混合。（图2）

**第4步**：将锅放到加热炉上，调至低火搅拌，直至糖基本都溶解，而黄油也已熔化。

**第5步**：当最后一片黄油刚好熔化后，以一次一颗的方式将鸡蛋搅打进去，加入到温热的糖混合物中。或者也可以预先搅拌所有鸡蛋，再将它们一同搅打进去。（图3）

**第6步**：保持在中火进行加热，持续搅拌10~20分钟，直至混合物变稠，达到稀布丁的稠度。这时不能放任再煮下去，否则鸡蛋中的蛋白质会变性（分子链永久解开），导致最后得到板结的产品。

**第7步**：用筛子将柠檬酪滤一遍，这样可以去除掉柠檬皮（可选）。

**第8步**：冷却5分钟，随后倒入储藏罐中，或者也可以直接装到碗里（或蛋糕模具里）。（图4）

**第9步**：可以直接从碗里品味柠檬酪，也可以将它涂在烤饼上，或者用它填充进蛋糕（或奶油泡芙）的夹层里。（图5、图6）

## 奇思妙想

柠檬酪与天使蛋糕（实验35）、奶油泡芙（实验38）搭配都十分合适。

## 科学揭秘

主厨们经常会用"凝固"这个词去描述脂肪与蛋白质发生分离并形成凝乳（板结）的现象。讽刺的是，尽管柠檬酪也被叫做"柠檬凝乳"，但你根本不希望其中出现凝乳，而应该是细腻、黏稠而又充满奶油质感的涂抹料。

制作柠檬酪，需要利用两种要素形成它细腻的质感：酸和热。这两个要素都可以让鸡蛋的蛋白质发生变性或不可逆的解离，从而变成一塌糊涂的鸡蛋块。通过将糖溶解在柠檬果汁中，并在熔融的黄油中与脂肪结合，可以创造出一种环境，鸡蛋的蛋白质会在此轻微解离，并发生相互作用从而使混合物黏稠，但还不会彻底因变性而变成鸡蛋块。

## 实验材料

→ 高品质的苦甜巧克力（约455克）

→ 2颗鸡蛋

→ 4颗蛋黄

→ 4颗蛋清（参考后文"注意事项"中的说明）

→ 2杯（约475毫升）可打发的淡奶油

→ 6勺（约45克）糖霜（糖果店有售）

→ 巧克力威化饼（或巧克力夹心曲奇，可选）

→ 橡皮软糖（虫形，可选）

## 实验工具

→ 双层蒸锅（或一大一小两口锅）

→ 搅拌碗

→ 勺子

→ 立式（或手持式）搅拌机

→ 加热炉

→ 球形搅打器

| 挑战级别 | 过敏原警告 奶制品、鸡蛋 | 时长 约45分钟 | 产出结果 6-8杯（约2.5-3千克）慕斯 |
|---|---|---|---|

这种巧克力慕斯是我最喜欢的。将它和淡奶油搭配，可以变得很有诱惑力，或者加上一些巧克力曲奇碎末和软糖虫，也会让它变得很有趣。

本实验根据多纳·诺丁的巧克力慕斯派食谱改编。

图8：用威化饼屑和橡皮软糖做成夹心。

图1：将巧克力切碎。

图2：熔化巧克力。

图3：把蛋黄搅打进去。

实验步骤中有生鸡蛋清的部分。建议选用经巴氏杀菌过的鸡蛋或自己对鸡蛋进行处理（实验16），确保慕斯是安全可食用的。任何剩余的食材都需要冷冻保存。不要过度打发蛋清，它们应该能被定型，但不能干燥。

## 实验步骤

**第1步**：如果使用巧克力夹心曲奇，先刮出夹层，再把巧克力味的曲奇或威化饼挤碎。

**第2步**：将巧克力切成细条，这样可以熔化得更快一些。（图1）

**第3步**：将巧克力放在双层蒸锅中熔化；或在大锅中将水煮沸，再将巧克力放到小锅里叠在大锅上加热。等到巧克力熔化之后，将其从热源移除，冷却10分钟左右。（图2）

**第4步**：将2颗鸡蛋全加到巧克力中，充分搅打。（图3）

**第5步**：加入4颗蛋黄，再次搅打，直到完全混合。

**第6步**：另取一个碗，用搅打器打发淡奶油和糖霜，直到形成松软的凸起。（图4）

**第7步**：用第三个碗打发4颗蛋清，直到出现有光泽的硬质凸起，不能等到干燥的时候。（图5）

**第8步**：在巧克力混合物中搅入 $\frac{1}{4}$ 淡奶油以及 $\frac{1}{4}$ 打发出的蛋清。

**第9步**：轻轻地将剩余的淡奶油以及蛋清倒入，一次加一点点，要避免破坏那些泡沫。（图6）

**第10步**：将慕斯舀到碗中，配上淡奶油和巧克力威化饼享用；或者在透明的杯子里铺上威化饼碎屑（第1步），再放一些橡皮软糖作为夹心。（图7-图9）

## 奇思妙想

可以制作巧克力穹顶或巧克力碗（实验47），用于巧克力慕斯，或在上面盖一些自制的淡奶油（实验39）。

# 入口即化的神奇慕斯
## （续）

图4：搅打奶油。

图5：打发蛋清。

图6：将奶油和鸡蛋交替加入。

图7：慕斯与淡奶油混合使用。

图9：把威化饼压碎，加入慕斯中食用。

图10：味道好极了！

## 科学揭秘

粉碎，是将一种材料处理成微小颗粒或碎片的过程。

熔化巧克力时，可以先进行手工粉碎。即将食材切成很小的颗粒，从而提高其表面积，这可以让热量同时传递给更多的巧克力，使之熔化得更快、更均匀。

淡奶油和蛋清形成的气泡，赋予了巧克力慕斯以靓丽的质感，也能让你的嘴唇品尝到一种细腻而又灵动的感觉。

单元
8

# 大胆的装饰与特别的甜点

用玻璃相的糖泡沫、无定形的糖果以及凌乱的黄油脂肪装饰甜点，让甜点变得更特别。

　　另一方面，借助于一些有关糖果的科学，可以给蛋糕盖上华丽的蛋白酥蘑菇，或是给纸杯蛋糕盖上软糖，也可以自制棉花糖，或在气球上抹上可供拍照的巧克力穹顶与巧克力碗。

　　制作丝滑、冰冷而又完美的冷冻美食，是一项需要掌握平衡的活动，其秘诀就在于冰。每一勺美味的冰激凌、奶冻、意式冰激凌或冰糕，都包含着满满的学问，因为每一口都同时有3种物质共存。在显微镜下，冷冻食品看起来就像是悬浮在液态糖浆黏液中的气泡与冰晶。

　　牛奶、奶油以及各种水果，都会给混合物提供水分，在冰激凌中提供冰晶。糖、盐和吉利丁则扮演着抗冻剂的角色，这就会让形成的冰晶始终维持较小的尺寸，不会变成大冰块。

　　理想的情况是，冰冻的甜点会在你的嘴里产生冰冷却又丝滑的感觉，因为它的冰晶非常小，而且其中的气泡恰好能满足需求，可以将它舀起来，并且不会全是泡沫。

　　*"冰激凌之所以受欢迎是因为它的口感，它给舌头带来一种很享受的感觉。"*

埃尔克·斯科尔滕与米里亚姆·彼得斯

（摘自塞萨尔·维迦、约伯·乌宾克以及

埃里克·范·德林登主编的《把厨房变成实验室》）

# 神奇的翻糖

## 实验材料

→ 含可可脂的烘焙用优质白巧克力（约14克）

→ 3杯（约150克）小棉花糖

→ 1勺（约14克）黄油，切碎

→ 1½茶匙（约7.5毫升）牛奶

→ 1茶匙（约5毫升）清新的香草精油（或其他清新的口味，取决于实际应用）

→ 1½（约180克）糖霜（糖果店有售），可额外多备一些用于揉面

→ 食用色素（凝胶型的最佳，液态的也可以使用）

## 实验工具

→ 砧板

→ 菜刀

→ 可微波加热的中号碗

→ 微波炉

→ 搅拌勺

→ 擀面杖

| 挑战级别 | 过敏原警告 奶制品 | 时长 约30分钟 | 产出结果 3–4片翻糖薄饼（直径20厘米、厚3毫米） |
|---|---|---|---|

翻糖实际上就是可以食用的面团，它可以被卷成光滑的薄片覆盖在蛋糕上，也可以切割成不同的形状，或是雕刻出令人惊叹的图案。更妙的是，你可以通过用微波炉加热棉花糖来制作它，还可以混入你最喜欢的色彩。

本实验根据《美好家园新食谱》的博客内容改编。

图5：切割出特殊的图形。

## 安全提示与注意事项

建议在使用微波炉加热巧克力和棉花糖的时候，有成年人在旁照看。

图1：熔化棉花糖、黄油、牛奶和白巧克力的混合物。　图2：从碗中取出混合物。　图3：在糖霜上揉面。　图4：用食用色素上色。　图6：你还能创造出什么杰作？

## 实验步骤

**第1步**：将白巧克力切成小块。

**第2步**：将切碎的巧克力、棉花糖、黄油和牛奶混合在一起，置于微波炉专用碗中。高火微波加热1分钟，搅拌直至混合物变得光滑。如有必要，多微波30秒，以便让所有食材都熔化。（图1）

**第3步**：将香草精油搅入其中，充分搅拌。

**第4步**：加入糖霜，搅拌混合。

**第5步**：在光滑平整的工作台面上撒上 $\frac{1}{2}$ 杯（约60克）糖霜，将棉花糖混合物刮到糖霜覆盖的台面上。（图2）

**第6步**：在棉花糖混合物上撒上糖霜，不断搓揉使糖霜融入其中，直至其不再发黏。揉面的时间大约需要5-10分钟。（图3）

**第7步**：将食用色素揉进去给翻糖上色。可以将翻糖做成单色的，也可以先切成几块，再染上多种颜色。（图4）

**第8步**：可以立即食用翻糖，也可以用擀面杖将它压成约3毫米厚的薄片，再进行切割或雕刻，还可以用保鲜膜储存起来。翻糖干燥起来非常迅速，所以最好是将它卷起来并用保鲜膜包裹，直到再次使用的时候。（图5、图6）

**第9步**：密封保存的话，翻糖可以在室温下储存1-2星期。

 **奇思妙想**

用翻糖装点巧克力纸杯蛋糕（实验34），或者再大胆一些，用它来覆盖夹层蛋糕（实验33）。记住，要先用乳脂（实验40）给蛋糕预先淋面，这样辊压过的翻糖看起来会是光滑的。

 **科学揭秘**

翻糖之所以能够在室温下储存一周或更久，是因为它实在太甜了。

大量玉米糖浆和糖的存在，使得细菌几乎不可能在其中繁殖。糖溶液会将细菌中的水分抽取出来，对细菌产生渗透压，使其难以收集生存所需的水和营养物质。

高糖含量，让你没有必要冷藏蜂蜜或糖浆这类食物。盐同样会对细菌产生渗透压，它被用作食物储存剂已经有了数千年历史。

# 巧克力穹顶与巧克力碗

##  实验材料

→ 4杯（约340克）半糖巧克力

→ 白巧克力（约115克）

→ 彩色糖粒（可选）

##  实验工具

→ 10-12个圆气球（直径约13厘米）

→ 烤盘

→ 碗（直径比膨胀的气球略大）

→ 冰箱（留出足够放气球的空间）

→ 微波炉（或加热炉）

→ 可微波加热的碗，双层蒸锅，或一大一小两口锅

→ 裱花袋（或将塑料自封袋剪去一个小角）

→ 小玻璃杯（或舒芙蕾烤碗）

→ 勺子

| 挑战级别 | 过敏原警告 | 时长 | 产出结果 |
|---|---|---|---|
| 🍫🍫 | 奶制品 | 约30分钟，另需额外30分钟用于冷冻 | 10-12个巧克力穹顶或巧克力碗 |

抓起一些小气球，再把冰箱里的空间清出来，你就能制作漂亮的万能巧克力穹顶了。还可以制作可食用的碗，配上一些白巧克力的装饰或彩色糖粒，化身为最耀眼的美食。

图5：倒置穹顶，将其用作碗。

## 安全提示与注意事项

不要让巧克力过热，否则它会让气球熔化。

不要给乳胶过敏的人食用这款甜点。

# 实验步骤

**第1步**：将气球吹起来。把小玻璃杯（或烤碗）放到烤盘上。

**第2步**：把半糖巧克力切成小碎片。

**第3步**：在微波炉中熔化巧克力，每次30秒，在每两次加热期间，搅拌30秒，直到巧克力刚好熔化，看起来很光滑。或者在大锅中将水煮沸，再将巧克力放在小锅中并置于大锅上熔化。注意，巧克力酱一定不能太热。

**第4步**：重复第2步和第3步，熔化白巧克力。

**第5步**：将半糖巧克力放到比气球略大的碗中，将气球不带系口的一面蘸到碗里，让气球底部的三分之一浸没在巧克力酱中。（图1）

**第6步**：将气球翻面，放在小玻璃杯（或烤碗）上冷却。

**第7步**：舀出一些熔化的白巧克力酱，装到剪了角的塑料自封袋（或裱花袋）中，把巧克力酱挤到气球上（可选）。

**第8步**：如果愿意，可以加一些彩色糖粒。将剩下的气球如法炮制，如有必要的话，可以重新加热巧克力。（图2）

**第9步**：把气球放到冰箱中，直到它们变成固体，在打算吃掉它们的时候取出。（图3）

**第10步**：从冰箱中取出巧克力穹顶。戳破气球，慢慢地把气球从穹顶上撕下来。（图4）

**第11步**：用穹顶当碗，盛上点冰淇淋，或将它们倒扣，在里面藏点什么美食。（图5）

## 奇思妙想

用巧克力慕斯（实验45）或者自制的冰激凌（实验50）装满巧克力穹顶或巧克力碗吧。

想要更戏剧化一点吗？那就用一些多余的奶油制作巧克力甘纳许（实验41），如果它足够热，倒在巧克力穹顶上时会让巧克力熔化，这样就能露出藏在里面的东西了。

图1：将气球浸到熔化的巧克力酱中。

图2：加入白色巧克力酱和彩色糖粒。

图3：冷冻巧克力。

图4：从冰箱中取出巧克力穹顶。

## 科学揭秘

你可能已经注意到了，优质的（通常也是很贵的）黑巧克力、苦甜巧克力或半糖巧克力都很有光泽，咬开的时候会有清脆的断裂声，在嘴里则会有丝滑的感觉。而低品质的巧克力碎裂时，只会发出沉闷的声音，而且还有些黏软。巧克力看起来以及在嘴里品味起来的感觉，取决于其中加了什么，以及它是怎么被处理出来的。

可可脂赋予巧克力特殊的物理结构。这种脂肪可以被一种称作"回火"的工艺转化成完美的晶体结构，这一工艺包括了对巧克力进行加热与冷却，从而破坏掉了那些不需要的晶体，并促进形成更多结构规则的晶体，使之看起来有闪光。

将熔化的巧克力酱涂在气球上，再置于冰箱中冷却。不管用了什么巧克力，都有可能破坏这些回火的结构，但是如果你一开始用的就是优质巧克力，就总是可以回馈你更美味的结果。

# 蛋白酥蘑菇

## 实验材料

- → 3颗鸡蛋清（室温）
- → $\frac{1}{4}$ 茶匙（约1.13克）塔塔粉
- → $\frac{1}{2}$ 杯（约100克）磨碎的糖粒
- → $\frac{1}{4}$ 茶匙（约1.25毫升）纯香草精油
- → 食用色素（凝胶型最佳）
- → 细砂糖

## 实验工具

- → 直径1厘米的裱花嘴（装在裱花袋或剪了一角的塑料袋上）
- → 2个烤盘
- → 烤箱
- → 厨房用吸油纸
- → 糕点裱花袋（或剪去一角的大号塑料自封袋）
- → 立式（或手持式）搅拌机以及不锈钢碗
- → 牙签
- → 金属搅拌碗

| 挑战级别 | 过敏原警告 | 时长 | 产出结果 |
|---|---|---|---|
| 🍄🍄🍄 | 鸡蛋 | 约30分钟，另需额外2–3小时的烘焙时间 | 24个蛋白酥蘑菇 |

这些漂亮的小蛋白酥的味道和它们的外观一样美妙。混合了食用色素的彩条被挤出来做成造型，再撒上一些闪光的糖粒，就能创造出纯粹的烹饪魔术。

图6：用蛋白酥装点蛋糕。

## 安全提示与注意事项

不要漏掉塔塔粉，它有助于稳定蛋白酥中的蛋清。

蛋白酥的通用食谱：大约每个蛋清搭配约56克糖，同时配上一小撮塔塔粉。

图1：打发蛋清。

图2：挤出"蘑菇伞"造型。

图3：挤出"伞柄"造型。

图4：在"蘑菇伞"上撒糖。

图5：将"蘑菇伞"与"伞柄"装在一起。

## 实验步骤

**第1步**：烤箱预热到93℃。

**第2步**：在烤盘上摆好吸油纸。

**第3步**：调至中速档，打发3颗蛋清，直到它们起泡。

**第4步**：加入塔塔粉，调至高速档持续打发。（图1）

**第5步**：当酥软的凸起形成后，在继续打发蛋清时，每次加入约1勺（13克）糖，并加入香草精油。

**第6步**：继续打发混合物，直到形成带有圆形尖端的硬质凸起。注意不要过度打发。

**第7步**：将裱花嘴接到裱花袋（或剪了一角的塑料袋）上，在袋中装上制成的蛋白酥。

**第8步**：在挤出之前，给蛋白酥来一点五颜六色的条纹，可以用牙签在裱花头（或袋子中）抹出一些食用色素来实现。

**第9步**：挤出一半蛋白酥，形成水滴形状，使之看起来像是摆在烤盘上的蘑菇伞。（图2）

**第10步**：另外一半蛋白酥用来制作突出的伞柄，每个都大约2.5厘米高，不需要做得十分完美。（图3）

**第11步**：先把蘑菇伞放一边，或者撒上彩色的糖。（图4）

**第12步**：保留好剩余在碗里和裱花袋里的蛋白酥，它们可以在你"装配"蛋白酥的时候作为胶黏剂使用。

**第13步**：烘焙蛋白酥1~2小时，直到感觉它们有些干，然后从烤箱中取出并冷却。

**第14步**：在每个蘑菇伞的底部戳出一个小洞，在破开的小洞里抹上一些蛋白酥，在有洞的一边插上伞柄。再将它们放回烤箱中，在93℃下加热15分钟，使蛋白酥定型。（图5）

**第15步**：直接品味你的美食杰作，或者用它来装点蛋糕。（图6）

## ✳ 奇思妙想

试着用你的蛋白酥蘑菇装饰一个扎染蛋糕卷（实验36），或者一些很棒的巧克力纸杯蛋糕（实验34），还可以将它们与一些草莓搭配，摆在天使蛋糕（实验35）上，贡献出一款以植物为主题的美食盛宴。

## 💡 科学揭秘

蛋白酥是鸡蛋清打发形成的糖果泡。它们可软可硬，取决于烘焙的时间，硬质的蛋白酥含有更多的糖分。

当你将空气打入混合物时，蛋清中的蛋白质会与气泡结合并使其稳定，这样它们就会形成很黏稠的泡沫。加入的糖会与鸡蛋中的水结合，从而形成甜甜的糖浆。

在较低的温度下烘焙蛋白酥很长时间，会将糖和蛋白质从弹性态的黏液转变为玻璃态的固体泡沫，由此形成一种由气泡构成的甜脆网络。

# 非 凡 的 棉 花 糖

##  实验材料

→ 食用油（或澄清的喷雾油）

→ 原味吉利丁片（约7.5克）

→ 1杯（约235毫升）水

→ 1杯（约235毫升）淡玉米糖浆

→ $1\frac{1}{2}$ 杯（约300克）细砂糖（或五彩的糖粉，彩色糖粒）

→ 糖霜（糖果店有售，撒到烤盘上）

→ $\frac{1}{4}$ 茶匙（约1.13克）盐

→ 1茶匙（约5毫升）薄荷精油或2茶匙（约10毫升）纯香草精油

##  实验工具

→ 25厘米长的方形烤盘

→ 黄油刀

→ 食品温度计

→ 砧板

→ 厚平底锅

→ 搅拌勺

→ 烤箱

→ 筛子　　→ 立式（或手持式）

→ 抹刀　　　搅拌机以及碗

| 挑战级别 | 时长 | 产出结果 |
|---|---|---|
| 🍫🍫 | 约30分钟，另需额外的冷却时间 | 25厘米长的棉花糖 |

**用糖、玉米糖浆和原味吉利丁制作出美味的手工棉花糖。**

本实验根据epocurious.com网站的内容改编。

图4：装饰棉花糖。

## 安全提示与注意事项

　　糖浆可能造成严重的烫伤，因此成年人应当全程在旁照看，并代替儿童操作加热糖浆。

　　吉利丁可能会有令人不悦的味道。在棉花糖中加入薄荷或香草调味品，可以让它们的味道和气味变得更好。

　　也可以使用黄色的喷雾油（或食用油），但是它们会让棉花糖的颜色褪去。

## 实验步骤

**第1步：** 在烤盘上涂油，或用筛子把糖霜筛到烤盘上。

**第2步：** 在装有 $\frac{1}{2}$ 杯（约120毫升）水的搅拌碗里加入吉利丁片，充分搅拌后静置，使吉利丁水化（吸水）。

**第3步：** 在平底锅中，混合玉米糖浆、糖、剩余的水以及盐，调至中火，将混合物煮沸。

**第4步：** 小心地将食品温度计放到热糖浆中，持续煮沸，不需要搅拌，直到它达到软球态（116℃），根据温度计的读数操作。或者也可以向一杯冷水中加入一滴热糖浆，如果它刚好能够维持形状，那它就是处于软球态。（图1）

**第5步：** 将锅从热源上移除，冷却5分钟。

**第6步：** 将搅拌机调成低速档，小心缓慢地将热糖浆从碗的侧边倒入吉利丁和水的混合物中。

**第7步：** 当所有糖浆都加入后，将搅拌机提到高速档，搅打5分钟，或直到棉花糖足够黏稠可以形成丝带状。（图2）

**第8步：** 在棉花糖中加入香草（或薄荷）精油，简单搅拌。

**第9步：** 将棉花糖倒入用糖霜涂抹过的烤盘，用湿抹刀将其摊平，让表面变得光滑，待其冷却。

**第10步：** 用黄油刀拨开棉花糖的边缘，以便可以从烤盘中移除棉花糖。在铺有糖霜的砧板上翻转烤盘。

**第11步：** 在刀上抹油，再撒上糖霜，将棉花糖切成小块。（图3）

**第12步：** 用细砂糖（或五彩的糖粉、彩色糖粒）装点棉花糖。（图4）

**第13步：** 品尝你制作出来的非凡棉花糖。（图5）

图1：将糖浆煮至软球态。

图2：搅拌棉花糖，直至形成丝带状。

图3：用涂了油的刀将棉花糖切开。

图5：尝尝你的自制棉花糖。

## 奇思妙想

给棉花糖上色，或将它们倒在更大的托盘里，使其变得更薄一些，再用曲奇切割刀蘸上糖霜后将它们切成有趣的形状。

可以制作一杯热巧克力来搭配你的棉花糖一起食用。

## 科学揭秘

像棉花糖这样绵软而又有嚼头的糖果，也被称为无定型或非晶态糖果。

在热糖浆中混入吉利丁和水并搅拌，可以产生一些气泡。随着泡沫冷却，玉米糖浆会干扰晶体的形成，吉利丁就会从液态变成凝胶，将气泡困在内部。

在热巧克力中加入棉花糖，会让吉利丁重新融化，它们会再次转化为糖浆。

# 轻松完成的冰激凌

## 实验材料

- → 1杯（约250毫升）全脂牛奶
- → $\frac{3}{4}$ 杯（约150克）糖
- → 1茶匙（约5毫升）纯香草精油
- → $\frac{1}{8}$ 茶匙（约0.56克）盐
- → 2杯（约500毫升）可打发的淡奶油
- → 5颗大蛋黄

## 实验工具

- → 装有冰块的大碗
- → 大号的平底盘（如砂锅盘或蛋糕模具）
- → 搅拌勺
- → 小号（或中号）的厚底平底锅
- → 过滤器以及适用于过滤器的碗
- → 抹刀（可选）
- → 球形搅打器

### 安全提示与注意事项

不要忘了添加纯香草精油。精油中有少量的酒精，有助于让晶体保持很小的体积。

| 挑战级别 | 过敏原警告 | 时长 | 产出结果 |
|---|---|---|---|
| 🍫🍫 | 奶制品、鸡蛋 | 约30分钟手工，另需额外的若干小时用于冷冻 | 约570克冰激凌 |

要制作美味的自制冰激凌，并不需要一台冰激凌机。只要有一台冰箱，再有一点耐心，就能制作出美味的冷冻蛋挞，这是非常轻松的事。

本实验根据大卫·勒波维茨的《完美一勺》中的内容改编。

图6：配上甘纳许，满满是乐趣。

图1：从鸡蛋中分离出蛋黄。

图2：量取奶油，倒入过滤器下方的碗中。

图3：将蛋挞液过滤到奶油中。

图4：将混合液倒入大盘子里，放入冰箱并不时搅拌。

图5：舀上一勺品尝。

## 实验步骤

**第1步**：将牛奶、糖和盐倒入平底锅中，加热到49℃，同时搅拌，然后将锅从热源上移除。

**第2步**：从鸡蛋中分离出蛋黄，在分离的碗中，搅拌蛋黄直至其变得细腻。向蛋黄中搅入$\frac{1}{2}$杯（约120毫升）牛奶混合物。（图1）

**第3步**：将温热蛋黄的混合物刮到锅里剩余的牛奶混合物中，低火加热，直到它会黏附在勺子上（82℃）。这就是你制成的蛋挞液。

**第4步**：将碗置于过滤器下，加入一些淡奶油以制作冰激凌混合物。将蛋挞液过滤到奶油中充分搅打。（图2、图3）

**第5步**：将这碗奶油混合物倒在装有冰的碗里，搅打使之冷却。

**第6步**：将冰激凌混合物转移至大盘子里。（图4）

**第7步**：再将盘子放到冰箱里，每15分钟左右搅拌一次，直到完全冷冻。每一次搅拌时，都要确保刮到侧面并充分搅拌。

**第8步**：享用你的自制冰激凌！（图5、图6）

## 奇思妙想

搭配本书中的任何一款蛋糕（单元7）或甜点（单元8），享用你的自制冰激凌。

没有什么比自制冰激凌与甘纳许（实验41）搭配起来更美味的了。

## 科学揭秘

将冰激凌混合物置于非常冷的环境中，可以让其中的水开始结冰。固态的冰晶随之形成，液态的水则会消失，混合物中的糖浓度便会提升，随着冰激凌逐渐变稠，形成一种糖浆基质。

搅拌（或搅打）冰激凌混合物，会向其中加入空气，并破坏掉大块的晶体。牛奶的脂肪和蛋白质会给气泡提供支撑。香草中的精油以及其他添加剂，会让晶体保持细微状态，这也会让冰激凌在你的嘴里形成丝滑而冰冷的口感。

# 令人惊叹的热烤阿拉斯加

## 实验材料

- → 全麦饼干（或巧克力威化饼屑）
- → 冰激凌（约570克）
- → 冰激凌的浇头（比如新鲜水果或巧克力碎）
- → 5颗鸡蛋清（常温）
- → 糖（约100克）
- → $\frac{1}{2}$ 茶匙（约2.25克）塔塔粉

## 实验工具

- → 烤箱
- → 保鲜膜
- → 立式（或手持式）搅拌机
- → 球形搅打器
- → 金属搅拌碗
- → 冰箱

| 挑战级别 | 过敏原警告 | 时长 | 产出结果 |
|---|---|---|---|
| ♟♟♟ | 奶制品、鸡蛋和小麦 | 约30分钟手工时间，另需额外5分钟烘焙时间 | 1大份 |

冰爽的冰激凌为完美烘焙的蛋白酥提供了美味的基底。这个简单版的精致甜点，证明搅打过的蛋清可以起到令人惊叹的有效隔热作用。

本实验根据伊娜·加滕的热烤阿拉斯加食谱改编。

图6：烘焙至金褐色，然后马上开吃。

位于蛋白酥中心的一些蛋清，有可能不会被完全烤熟。可以用经巴氏杀菌过的鸡蛋完成同样的步骤，但是蛋白酥不需要打发得这么蓬松。

你得在烘焙之后立即把这道甜点端上桌，所以预备工作要充分！冰激凌可以提前冻在馅饼里，并包上保鲜膜。

## 实验步骤

**第1步**：用全麦饼干（或威化饼屑）作为基底。将冰激凌切成厚片，填入饼干层中。（图1）

**第2步**：覆盖保鲜膜，然后冷冻，直到已经烘焙好蛋白酥再取出。

**第3步**：预热烤箱到200℃。

**第4步**：搅打蛋清，直到它们开始出现泡沫。加入塔塔粉，持续打发，出现松软的凸起后停止，加入糖，每次1勺（约13克），同时继续打发。

**第5步**：持续打发蛋白酥，直到看到形成有光泽的硬质圆形凸起。（图2）

**第6步**：取出填充了冰激凌的饼干基底，撒上一层薄薄的水果（或巧克力碎）。（图3、图4）

**第7步**：将打发完成的蛋白酥堆在基底上，封住基底边缘，让它看起来很漂亮，然后放到烤箱里烘焙5分钟，或直到出现金褐色。取出后立即端上桌食用。（图5、图6）

## 奇思妙想

这一甜点虽然自成一派，但是不管什么甜点，在顶部摆上一些很迷人的翻糖（实验41）都会变得更好。

图1：在饼干基底中填上冰激凌。

图2：制作蛋白酥。

图3：用水果覆盖饼干基底。

图4：把巧克力碎撒在冰激凌上也是不错的选择。

图5：雕琢蛋白酥的造型。

## 科学揭秘

这道甜品中的蛋白酥就是泡沫，由很多气泡组成，这也让它成为了一种完美的热绝缘体，而且还是可以食用的。

没有蛋白酥，烤箱中的热量会快速传递给冰激凌，使其温度升高并融化。然而，蛋白酥中填充空气的气泡网络会延缓热量的传递过程，扮演热绝缘体的角色，从而使冰激凌保持冷冻状态。

# 美味冰糕

## 实验材料

→ 新鲜草莓（约455克）

→ 1杯（约200克）糖

→ $\frac{1}{2}$杯（约120毫升）水

→ $\frac{1}{4}$杯（约60毫升）柠檬汁

→ $\frac{1}{8}$茶匙（约0.56克）盐

## 实验工具

→ 刀

→ 榨汁机（或柑橘压榨机）

→ 大号的平底盘（或冷冻的雪糕模具）

→ 搅拌机

→ 中号平底锅

→ 加热炉

**安全提示与注意事项**

糖浆容易导致烫伤，建议在煮沸糖水混合物的时候，有成年人在旁进行监护。

**挑战级别**

**时长**
约30分钟手工时间，另需额外若干小时冷冻时间

**产出结果**
约570克冰糕

风味甜蜜而强烈的冰晶交织在一起，创造出这种不含奶的甜点，将它放入冰箱中冷冻，赋予更佳的口感。

本实验根据《厨师宝典》中的内容改编。

图4：将混合物倒进平底盘里，再放入冰箱。

## 实验步骤

**第1步**：将草莓切开，摘掉所有的茎。将柠檬榨汁。（图1、图2）

**第2步**：制作糖浆：将糖、水、柠檬汁和盐放入平底锅中混合。

**第3步**：加热炉调至中火，将混合物煮沸。

**第4步**：将糖浆从热源上移除，静置冷却。

**第5步**：将草莓放到搅拌机中搅拌，直至变得细腻。

**第6步**：将冷却后的糖浆倒入搅拌机中，与草莓一同搅拌。（图3）

**第7步**：将混合物倒入浅盘子中，放入冰箱里，每30分钟搅拌一次直到变得光滑。重复这一操作，直至冰糕完全冷冻。（图4、图5）

## 奇思妙想

　　草莓冰糕本身就是很好的甜点，但它强烈的水果风味与天使蛋糕（实验35）和奶油泡芙（实验38）搭配起来的话，也会很让人惊叹。

## 科学揭秘

　　冰糕是一种不含奶的水果甜点，它与冰激凌的主要区别就在于，冰激凌中有很多空气被一同冻进了混合物中。

　　冰激凌需要有鸡蛋让气泡保持互不接触，冰糕则缺少这些蛋白质。也可以加入一些吉利丁以稳定冰糕，很多水果本身也含有果胶，这可以形成凝胶，使冰糕变稠。

图1：将水果洗净并切开。

图2：柠檬榨汁。

图3：搅拌草莓和糖浆，直至变得细腻。

图5：在开始冷冻后，时不时地取出并均匀搅拌。

图6：享用你的冰糕吧！

# 致　谢

感谢堪萨斯州曼哈顿市的茱莉亚·查尔德，她是一位烹饪的天才，也是一位企业家、教师、园丁和食品安全专家，同时她还是我的母亲。

感谢我的父亲罗恩·李，他是我的物理学顾问。

感谢我的丈夫肯，他为我准备了最喜欢的晚餐会，还有我的孩子们——梅、萨拉以及查理，他们认为比萨是最完美的食物。

感谢我的婆婆珍·海拿克，作为酒吧面包师及淋面皇后，她向我分享了很多家庭食谱秘方。

感谢摄影师安柏·普罗卡西尼，她让厨房的乐趣与混乱都定格在美丽的瞬间，让聪明、有趣而又美丽的孩子们用笑容点亮了这本书的每一页。

感谢我的编辑乔纳森·西姆科斯基以及出版社出色的设计团队：玛丽·安·霍尔、尼尔·维莱特以及大卫·马丁尼尔。

感谢我的经纪人彼得·克纳普与布莱尔·威尔森。

感谢詹妮弗、卡丽和克莉丝汀，我们为了食品科学入侵了她们的厨房，还有苏珊·纳克斯，以及所有在拍照时帮助孩子们开车或洗碗的父母们。

感谢佐伊·弗朗索瓦、米歇尔·盖尔、莫莉·赫尔曼、蒂姆·麦基和安德鲁·齐默恩，他们为本书撰写了有关食品和科学的颇具创造力的智慧之句。

感谢我多年以来一直使用及改编的食谱、专栏，以及创作它们的厨师：爱丽丝·沃特斯，伊娜·加藤创作的《在家赤脚的伯爵夫人》，《美好家园新食谱（1976年版）》，《烹饪画报》，马克·彼特曼创作的《如何烹饪一切》、多纳·诺丁，尤塔姆·奥托林吉与萨米·塔米米创作的《耶路撒冷：食谱》，茱莉亚·查尔德，马赛拉·哈赞，《纽约时报·美食版块》，琼·李创作的《烹饪工作室的食谱》，《日落面食烹饪手册》。

我在撰写本书时，广泛参考的食品科学书籍有：海伦·查理与康妮·韦弗创作的《食品：科学方法》，以及塞萨尔·维迦、约伯·乌宾克和埃里克·范·德林登主编的《把厨房变成实验室》。

特别感谢我的母亲，她教会了我与朋友、家人一起烹饪并分享美食的快乐。

| | | | | | | | |
|---|---|---|---|---|---|---|---|
| Abigail | Addie | Alessa | Ara | Aryanna | Audrey | Berit | Bridget |
| Carissa | Claire | Claire | Connor | Darya | Delaney | Divya | Easton |
| Eden | Elizabeth | Elizabeth | Evan | Georgia | Grace | Grace | Grady |
| Gunnar | Haakon | Harper | Henry | Ingrid | Jace | Jack | Jasper |
| John | Katy | Keya | Khalil | Kirin | Kyra | Leah | Leo |
| Lila | Lucy | Maria | May | McKenna | Mia | Mikaylah | Miles |
| Olivia | Olivia | Peter | Roxie | Ryan | Samuel | Sanna | Sarah |
| Scarlett | Sean | Sonja | Soren | Stella | Will | Wyatt | Zayna |

# 关于作者

自打丽兹·海拿克（Liz Heinecke）到了可以第一次观察蝴蝶的年龄，她就对科学沉迷不已。在从事分子生物学研究长达10年并获得硕士学位后，她离开了实验室，开始了她作为一名居家妈妈的新篇章。随着她的三个孩子不断成长，她开始与他们分享自己对科学的热爱，并在自己创立的"厨房科学家"网站上记录着他们共同的科学冒险经历。

近几年，丽兹经常在电视节目上露面，制作科普视频，在网络上撰写科普文章。同时出版了包括《给孩子的厨房实验室》、《给孩子的户外实验室》、《给孩子的STEAM实验室》等诸多科普童书。当她没有开车带着孩子转悠，也没有做科普宣传的时候，她会待在明尼苏达的家里，唱歌、弹班卓琴、画画、跑步，总之会做除家务外的各种事情。

丽兹毕业于路德学院，专业是艺术和生物，在威斯康星大学麦迪逊分校获得细菌学硕士学位。

# 关于摄影师

安柏·普罗卡西尼（Amber Procaccini）是明尼苏达州明尼阿波利斯市的一位商业兼社论摄影师。她特别擅长拍摄儿童、婴儿、食物和旅行照片，而她对摄影的喜爱不亚于她寻找完美玉米饼的热情。安柏在给丽兹的处女作《给孩子的厨房实验室》配照片时与丽兹相识，她知道她们可以组建成为一支强大的团队，因为她们要合作完成玉米饼、意大利面和奶酪。当安柏没有在抓拍翻白眼的少年，也没有试图让芝士汉堡看起来更馋人时，她和丈夫就喜欢一起旅行，享受每一段冒险。

# 译后记

如果要问什么东西在生活中很常见，但又特别有距离感，"美食"绝对能够数得上。对于美食的诱惑，多数人都没有抵抗力，甚至我们有时候都说不清，自己到底是为了生存而吃饭，还是为了吃饭而生存。

但是，哪怕对于一个吃货来说，美食的距离也未必很近。对美食的赏鉴，有时大概需要点财力，更多的时候还需要有独特的审美力，如果再有一双巧手就更美妙了。

我会这样想，只是源自童年时期对冰激凌的憧憬。

在那个年代，5分钱的盐水冰棍是夏天的标配。听到远处传来木头敲击的声音，我的腿就不由自主地迈出了家门，只瞧见一名中年男子头戴草帽，身着汗衫，单手骑着一辆老二八自行车，车后架上是被子盖住的一只大木箱，箱子侧边露了出来，男子的另一只手就握着一块木板敲着这木箱。

我呢，幸亏是夏天的生日，还能赶上一回冰激凌的盛宴，那可是7毛钱的一块奢侈品，舍不得一口吃完，却又怕化了以后只能喝汤。

后来，家里添置了冰箱，在里面发现一个制冰盒，立即心潮澎湃，想到要自己冻一些冰激凌出来。

只可惜，由于没有任何人给予指导，只能冻出一块块和冰盒形状吻合的盐水冰棍。吃完以后，肚子还常常不舒服，因为当时我并不知道，制作冰棍还应当注意灭菌。

尽管如此，这些并不成功的尝试，还是给童年的夏天带来了不少乐趣，消解了一点副热带高压下的酷暑。直到多年过去，这些经历回味起来还是让人不禁莞儿一笑。

甚至，当我结婚以后，自己买了人生中第一台冰箱，又一次看见冰盒时，还饶有兴致地和妻子一起做起了冰饮。在经历了多年的科学熏陶之后，我已经可以凭经验制作出两杯甜蜜的西瓜刨冰了。

这种感觉，真的很奇妙，或许就真的只是因为童心未泯。

如今的孩子，物质条件自然是比二三十年前优越了许多，对美食的热情不知道是否也和当年懵懂的我们一样呢？是否也会尝试自己做点什么出来呢？

我想，会的。时代在变，但人和食物的关系不会变。

当我翻译《给孩子的食物实验室》时，似乎也是在书写自己的心声。那些并不太难找到的原料，还有那些在家长指导下并不难实现的操作，加上其中对美食原理的剖析，或许会让孩子们成为一个个有品味的美食家，轻松实现自己的梦想，不再需要为童年憧憬的冰激凌而感到遗憾。

希望我翻译的文字，能给中文阅读习惯的小朋友与大朋友们，带来一个个美味而又美丽的食物。

孙亚飞

本书译者，清华大学化学系博士
科学松鼠会会员，中国科普作家协会会员

FOR KIDS
# Lab

## 给孩子的实验室系列

给孩子的厨房实验室

给孩子的户外实验室

给孩子的动画实验室

给孩子的烘焙实验室

给孩子的数学实验室

给孩子的天文学实验室

给孩子的地质学实验室

给孩子的能量实验室

给孩子的 STEAM 实验室

给孩子的脑科学实验室

给孩子的食物实验室

扫码关注
获得更多图书资讯